AF757267

# DAS OSTEUROPA-INSTITUT

(BEGRÜNDET 1918)

ist eine selbständige, in Anlehnung an die Schlesische Friedrich-Wilhelms-Universität und die Technische Hochschule in Breslau geschaffene Forschungsanstalt. Es hat den Zweck, die Grundlagen und die Entwicklungsbedingungen des geistigen und wirtschaftlichen Lebens in Osteuropa und den angrenzenden Gebieten zu studieren und die dabei gewonnenen Ergebnisse für den akademischen Unterricht, die Verwaltung und die wirtschaftliche Praxis nutzbar zu machen.

Jede wirtschaftliche, politische und religiöse Parteibestrebung bleibt ausgeschlossen. (§ 1 der Satzungen)

---

Als periodische Veröffentlichungen sind einstweilen in Aussicht genommen:

I. Eine in zwangloser Folge auszugebende Reihe größerer wissenschaftlicher Arbeiten unter dem Titel

## QUELLEN UND STUDIEN.

Sie gliedern sich in folgende Abteilungen, innerhalb deren sie auch für sich zählen:

1. Recht und Wirtschaft
2. Land- und Forstwirtschaft
3. Bergbau und Hüttenkunde
4. Geographie und Landeskunde
5. Religionswissenschaft
6. Sprachwissenschaft
7. Industrie und Handel.

II. Eine gleichfalls zwanglos erscheinende Reihe kleinerer wissenschaftlicher Schriften unter dem Titel

## VORTRÄGE UND AUFSÄTZE.

III. Eine jährlich erscheinende Zusammenstellung der Literatur über Osteuropa unter dem Titel

## OSTEUROPÄISCHE BIBLIOGRAPHIE

Osteuropa-Institut in Breslau
VORTRÄGE UND AUFSÄTZE
III. ABT.: BERGBAU U. HÜTTENKUNDE · HEFT 1

# DIE NEBENPRODUKTEN-KOKEREI IN SÜDRUSSLAND

## ENTWICKLUNG, STAND, ORGANISATION UND AUSSICHTEN DER RUSSISCHEN TEERKOKEREI

VON

ING. L. LITINSKY
IN ESSEN

Springer Fachmedien Wiesbaden GmbH 1921

ISBN 978-3-663-15517-1 ISBN 978-3-663-16089-2 (eBook)
DOI 10.1007/978-3-663-16089-2

SCHUTZFORMEL FÜR DIE VEREINIGTEN STAATEN VON AMERIKA:
COPYRIGHT 1921 BY SPRINGER FACHMEDIEN WIESBADEN
URSPRÜNGLICH ERSCHIENEN BEI B. G. TEUBNER IN LEIPZIG 1921

ALLE RECHTE,
EINSCHLIESSLICH DES ÜBERSETZUNGSRECHTS, VORBEHALTEN.

# Vorwort.

Brennstoffknappheit und Transportruin sind Tatsachen, die beinahe kein Land verschont haben, sei es als Sieger oder als Besiegter aus dem gewaltigen Völkerringen hervorgegangen. Keine Zweige der gesamten Volkswirtschaft sind so eng miteinander verbunden und so aufeinander angewiesen wie gerade die Brennstoffgewinnung und die Transportfrage. Es muß deshalb sowohl den Fragen der Brennstoffgewinnung als auch besonders der sogenannten Veredelung der Brennstoffe (Verkokung ist eine der Formen einer solchen Veredelung) in unserer Zeit besondere Aufmerksamkeit geschenkt werden.

Kein Land ist von der Brennstoffknappheit in dem Maße betroffen worden wie gerade das an dem Völkerkrieg, Bürgerkrieg und kommunistischen Experimenten zugrunde gegangene ehemalige russische Reich. Kein Land ist in einem solchen Maßstabe auf die technischen Errungenschaften der Weiterverarbeitung der Brennstoffe, in welchen gerade Deutschland die meisten Erfolge zu verzeichnen hat, auf Deutschland angewiesen wie gerade Rußland. Für die deutsche Feuerungs- und Wärmetechnik, sowie Brennstoffchemie entwickeln sich in Rußland aussichtsvolle Möglichkeiten.

Während meines zweijährigen, nicht gerade freiwilligen Aufenthaltes in Rußland gelang es mir, eine Fülle, zum größten Teil im Buchhandel nicht erhältlichen oder sogar nicht veröffentlichten neuesten Materials zu erhalten, das mir dann nach einer längeren abenteuervollen Reise doch gelungen ist, unversehrt nach Deutschland herüberzubringen. Dank der Liebenswürdigkeit des Osteuropa-Instituts bin ich in der Lage, in dieser meiner Schrift alles sich auf die Nebenproduktenkokerei Südrußlands (in anderen Teilen Rußlands ist die Koksindustrie entweder nicht vorhanden oder ihre Entwicklung kommt nicht in Betracht) Beziehende und Wissenswerte der weiten Öffentlichkeit zu übergeben, und hoffe, hiermit der deutschen, besonders der feuerungstechnischen Industrie einen Dienst erwiesen zu haben.

Essen, im Februar 1921. **L. Litinsky.**

# Inhaltsverzeichnis.

# 1. Die Kohle.

Rußland ist ein verhältnismäßig kohlenarmes Land. Das bedeutendste Kohlenvorkommen befindet sich im Donezgebiet („Donezki-Bassin"). Nach den Berechnungen des Russischen Geologischen Komitees (Lutugin) betragen die Kohlenvorräte des Donezgebietes:

| | | | | | |
|---|---|---|---|---|---|
| 1099 | Milliarden Pud | (= 18 | Milliarden t) | Weichkohle |
| 2294 | „ „ | (= 37,6 | „ „) | Anthrazitkohle |
| 3393 | Milliarden Pud | (= 55,6 | Milliarden t) | Gesamtkohle. |

Diesen Berechnungen wurden nur die Angaben über die nachgewiesenen Vorkommen bis zu einer Tiefe von 850 Saschen zugrunde gelegt; Schichten von weniger als 12 Werschok Mächtigkeit wurden nicht in Betracht gezogen.

Nach Snjatkow sollen die Vorräte von Steinkohlen 1239 Milliarden Pud betragen. Der Mehrbetrag gegenüber Lutugin soll auf das Revier von Grischino entfallen, welches bei der Aufstellung der Lutuginschen Rechnung nicht berücksichtigt wurde. Die Kokskohlenvorräte erreichen dabei kaum ein Drittel von den Weichkohlen, betragen somit nicht mehr als 400 Milliarden Pud (= 6,6 Milliarden t). Einen Vergleich mit den Kohlenvorräten anderer Länder in Tonnen ersieht man aus der folgenden Zusammenstellung:

| | | |
|---|---|---|
| Amerika . . . . . . . . . . . | 5105528 | Milliarden t |
| Deutschland . . . . . . . . | 423356 | „ „ |
| Großbritannien . . . . . . . | 189533 | „ „ |
| Europ. Rußland (annähernd) . | 65800[1]) | „ „ |

Auf das Donezbecken entfallen davon 59 Milliarden t[1]) einschließlich die Anthrazitvorkommen, deren Vorräte ums Mehrfache die Vorräte an Steinkohlen übertreffen.

Die Fett- und die Kokskohlen befinden sich hauptsächlich im westlichen Teil des Donezbeckens sowie dem nördlichen Rande desselben entlang.

Die besten Kokskohlen befinden sich in den Revieren Almasni, Makejewski, Smoljaninowski usw.

Die chemische Zusammensetzung einiger typischen Kokskohlen des Donezbeckens ist in der nachfolgenden Tabelle I zusammengetragen.

Tabelle I. Chemische Zusammensetzung der südrussischen Kokskohlen.

| | Almasni % | Babakowski % | Makejewski % | |
|---|---|---|---|---|
| Kohlenstoff | 83,20 | 84,00 | 84,57 | 83,00 |
| Wasserstoff | 4,79 | 4,75 | 4,82 | 4,90 |
| Sauerstoff | 6,75 | 4,70 | 6,69 | 6,11 |
| Stickstoff | | 1,63 | | 1,33 |
| Schwefel | | 1,08 | | 2,36 |
| Asche | 5,26 | 3,84 | 3,92 | 2,30 |
| Koksausbringen | 76,40 | 81,80 | 76,60 | 70,80 |
| Heizwert | 8012 W. E. | 8061 W. E. | 8023 W. E. | 8103 W. E. |

In ihren Eigenschaften stehen somit diese russischen Kokskohlen wohl am nächsten zu den englischen Vorkommen von Glamorganshire und Monmouthshire.

In der Tabelle II sind die Destillationsergebnisse einiger südrussischer Kokskohlen angegeben.

1) Nach Angaben aus neuerer Zeit.

Tabelle II. Die bei der Laboratoriumsdestillation einiger Donez-Kokskohlen erhaltenen Resultate.

| Destillationsprodukte | | Kohle NN | | | | | |
|---|---|---|---|---|---|---|---|
| | | 1 | 2 | 3 | 4 | 5 | 6 |
| Asche | | 10,8 | 7,8 | 8,11 | 6,8 | 10,8 | 9,6 |
| Koksausbringen in Tiegel | | 79,1 | 81,6 | 71,2 | 73,6 | 76,7 | 77,9 |
| Ausbringen bei der Destillation | Koks | 81,62 | 83,79 | 77,2 | 78,4 | 80,9 | 82,4 |
| | Teer | 2,82 | 1,98 | 3,68 | 3,07 | 2,3 | 1,48 |
| | schwefels. Ammoniak | 1,06 | 1,14 | 1,11 | 1,16 | 0,98 | 1,01 |
| Wertzahl des Gases (U.) | | 1185 | 1196 | 1294 | 1340 | 1246 | 1265 |

Wenn hier auch die Rede nur von der Donezschen Nebenproduktenkokerei sein wird, so muß berücksichtigt werden, daß brauchbare Kokskohlen in Rußland nur in diesem Gebiet vorkommen. In dem von Rußland losgerissenen Dombraugebiet, ferner in den Vorkommen des Ural, Kaukasus und des sog. Moskauer Gebietes sind keine Kokskohlen vorhanden. Allerdings sind gute Kokskohlen auch im Kusnetzkibecken in Sibirien entdeckt worden, und die Vorräte sollen nach Schischkin diejenigen vom Donezbecken um beinahe das Vierfache übertreffen. Es ist während des Krieges im Zusammenhang mit der Schaffung einer großen Eisenindustrie im Kusnetzkigebiet auch die Errichtung von Kokereianlagen geplant worden, die allerdings infolge der Riesenentfernungen nur für den sibirischen Markt in Frage kommen sollten. Es ist mir aber nicht gelungen, über den Stand der Kokerei-Industrie oder womöglich der Kokereifrage in Sibirien etwas in Erfahrung zu bringen. Das Mitte 1920 gegründete „Glawbenzol" (Hauptverwaltung der Benzolindustrie in Rußland), welchem auch Sibirien und Kaukasus zugeteilt sind, hatte bis Mitte Oktober 1920 ebenfalls keine zuverlässigen Angaben darüber machen können. Die in diesen sich nur auf das Donezbecken beziehenden Ausführungen enthaltenen Angaben darf man daher ruhig auf das ganze russische Land übertragen und sie so auffassen, als ob die Rede von der Nebenproduktenkokerei in Rußland überhaupt wäre.

## 2. Benzolgewinnung in der Erdölindustrie und auf den Gaswerken.

Es muß berücksichtigt werden, daß Benzol und Toluol auch in den kaukasischen chemischen Fabriken hergestellt wurde, allerdings aber nicht aus Steinkohle, sondern aus Erdöl. Die Produktion betrug hier in Pud:

Tabelle III. Benzol- und Toluolproduktion im Kaukasus (in Pud).

| | 1915 | 1916 | 1917 | Maximale Leistungsfähigkeit der Werke |
|---|---|---|---|---|
| Benzol der Bakuer Fabriken | — | 28270 | 140500 | 244000 |
| Toluol " " " | — | 18800 | 79000 | 147000 |
| Nitrotoluol der Grosny- und Jekaterinodar-Fabriken (aus Ligroin) . . . . . . | — | — | 56000 | 76000 |

Auch die Gaswerke dürfen infolge der Ähnlichkeit der gelieferten Produkte nicht übersehen werden. Aber dieser Industriezweig ist in Rußland trotz des Vorhandenseins im Donezgebiet sehr guter Gaskohlen nur schwach entwickelt. Nach Lidoff soll die Gesamtzahl der Leuchtgasanstalten (einschl. der allerkleinsten) 350 erreichen; mir erscheint diese Zahl zu hoch gegriffen. Aber abgesehen davon ist die Gasproduktion sogar in den großen Städten wie Petersburg, Moskau, Charkow verhältnismäßig gering. Man vergleiche die folgende Tabelle:

| | | |
|---|---|---|
| Gasproduktion der Berliner städtischen Gaswerke 1906/1907: . . . . . . . . . | 8280 | Millionen Kubikmeter |
| The Gas Light and Coke Company, London 1907 . . . . . . . . . . . . . . | 23646 | " " |
| Petersburg 1909 . . . . . . . . . . . | 690 | " " |
| Moskau 1909. . . . . . . . . . . . . . | 431 | " " |
| Charkow 1909 . . . . . . . . . . . . | 60 | " " |

Nun wird auch nicht in allen Gaswerken Steinkohlengas hergestellt; je nach der geographischen Lage haben sich die einzelnen Städte an die am leichtesten zu beschaffenden Ausgangsmaterialien angepaßt: Kasan, Ssaratow und andere Wolgastädte, sowie Jalta wandten Erdöl an, nordische Städte: Holz, Kiew: Steinkohle,

Holz und Erdöl zu gleicher Zeit. Aus demselben Grunde haben sich Petersburg, Odessa, Warschau, Riga an ausländische, vornehmlich englische Kohlen angepaßt, was allerdings während und nach dem Weltkrieg solche Städte hart zu spüren bekommen haben.

Genaue Zahlen über die Nebenproduktengewinnung in den Gasbetrieben Rußlands habe ich nicht erhalten können. Sie wird jedoch nach den Aussagen der russischen Gasfachleute keineswegs 3—4% der Leistungen der Nebenproduktenkokerei übersteigen.

## 3. Die Entwicklung der Nebenproduktenkokerei.

Die Koksherstellung im Donezbecken wurde sehr lange Zeit hindurch zu einem großen Teil in Meilern durchgeführt; erst 1909 ist diese Fabrikationsart vollständig verschwunden. Der Nebenproduktenofen hat sich erst im Jahre 1907—1908 den Eingang in Rußland verschafft. Die Gewinnung der Nebenprodukte hat also erst vor kurzem begonnen. Auch wurde die Gewinnung nur teilweise durchgeführt. Vor dem Kriege gewann man nur Ammoniakwasser und Teer; der letztere wurde nur in Öle und Pech zerlegt. Rohbenzol wurde entweder in kleinen Mengen oder überhaupt nicht gewonnen. Erst nach dem Kriegsbeginn, da die Benzolzufuhr aus dem Auslande stockte, begann eine rationellere Ausnutzung der Kokereiprodukte, sowie der Bau von neuen Nebenproduktenkokereien.

Über den Stand der Nebenproduktenkokerei im Donezbecken vor dem Krieg und auch während desselben geben die folgenden Tabellen Aufschluß.

Tabelle IV. Kokserzeugung in Flamm- und Teeröfen (in Millionen Pud).

| Jahr | Gesamterzeugung | Davon in Teeröfen |
|---|---|---|
| 1910 | 167,9 | 22,2 |
| 1913 | 270,9 | 95,1 |
| 1914 | 278,4 | 112,1 |
| 1916/17[1]) | 249,6 | 110,0 |

1) Zweite Hälfte 1916 und erste Häfte 1917.

## Tabelle V. Koksofenanzahl des Donezgebietes (im Anfang 1917).[1]

| | Vorhandene Öfen | Erreichbare monatliche Durchsatzleistung in Millionen Pud | Im Bau befindliche Öfen | Im Umbau |
|---|---|---|---|---|
| An 28 Steinkohlenzechen. | 4406 | 20,5 | 342 | 30 |
| An 11 Hochofenwerken | 1634 | 8,0 | 150 | — |
| Insgesamt | 6040 | 28 5 | 492 | 30 |

1918 waren im Donezgebiet 22 Anlagen mit 1788 Teeröfen vorhanden, 526 Öfen befanden sich außerdem im Bau. Die Anzahl der Flammöfen konnte ich nicht genau festellen. Auf jeden Fall waren die letzteren zahlreicher vertreten als die Teeröfen.

## Tabelle VI. Die Entwicklung der Nebenproduktenkokerei vor dem Kriege (in Pud).

| | 1908 | 1909 | 1910 | 1911 | 1912 | 1913 | 1914 |
|---|---|---|---|---|---|---|---|
| Steinkohlenteer . | 247112 | 634327 | 704787 | 673193 | 1190466 | 1673000 | 1937600 |
| $(NH_4)_2SO_4$ . . . | — | 1800 | 31339 | 31813 | 244406 | 842900 | 1048300 |
| Salmiakgeist . . . | — | — | 3329 | 13284 | 6437 | 15222 | ? |
| Rohbenzol. . . . | 9100 | 2000 | 5793 | 3813 | — | 12500 | 12500 |
| Schweröle . . . . | — | 179038 | 222525 | 160143 | 233330 | 679000 | 903000 |
| Pech . . . . . . | — | 197306 | 243796 | 203922 | 290996 | 786000 | 1250000 |
| Anzahl der Nebenproduktenanlagen | ? | ? | ? | 6 | 10 | 10 | 12 |
| Anzahl der Nebenproduktenöfen. . | — | — | — | 344 | 799 | 992 | 1192 |

Ein Vergleich zwischen dem Stand der Nebenproduktengewinnung im Donezgebiet vor und während des Krieges ist in der folgenden Tabelle gegeben.

1) Nach „Gornosawodskoje Djelo" 28/29 1917. S. 16090.

Tabelle VII. Nebenproduktengewinnung vor und während des Krieges.

| Bezeichnung der Fabrikate der Nebenproduktenkokerei | Vor dem Krieg monatlich in Pud | Zu Beginn 1916 ebenfalls monatlich in Pud |
|---|---|---|
| Bei einem Kohlenverbrauch von | 11000000 | 27000000 |
| wurde erhalten: | | |
| Teer | 220000 | 540000 |
| 25 %iges $NN_3$-Wasser | 110000 | 270000 |
| Rohbenzol | 14—18000 | 150000 |
| Reinbenzol | — | 50000 |
| Reintoluol | — | 25—28000 |
| Reinxylol | — | 14—15000 |
| Naphthalin | — | 50000 |
| Anthracen | — | 6000 |
| Rohphenol | — | 10—12000 |

Von den einzelnen Ofensystemen fanden wohl die meiste (1174 Stück) Verbreitung die Coppéeöfen.[1]) Koppers erbaute im Donezbecken 278 Öfen, Aktiengesellschaft für Kohlendestillation — 50 Öfen; 2 Anlagen (256 Öfen) sind nach dem System Piett errichtet; weniger sind die Otto- und Carvésöfen vertreten. In der allerletzten Zeit sollten über 400 Öfen von der Gesellschaft „Koksobenzol" (System Pirron) errichtet werden, es ist aber nur etwa die Hälfte fertiggestellt, in Betrieb jedoch nur 90 genommen worden.

Der normale Bedarf an Donezkoks ist gleich 320000000 Pud im Jahr. Diese Koksmenge entspricht bei einem durchschnittlichen Koksausbringen von rund 75% 420000000 Pud Steinkohle im Jahr. Um diese Kohlenmengen zu verkoken sind, einen normalen Gang und Vollbelastung vorausgesetzt, etwa 3200 Nebenproduktenöfen nötig. Es sind bereits vorhanden und es befinden sich im Bau insgesamt 2314 Öfen (vgl. Tabelle VIII), so daß die Errichtung von weiteren 886 Nebenproduktenöfen notwendig wäre.

## 4. Die einzelnen Anlagen.

Zur Charakteristik der einzelnen Anlagen bzw. Gruppen von Anlagen dient die Tabelle VIII.

1) Beschreibung siehe: Glückauf 1905. S. 1558.

Tabelle VIII. Die Nebenprodukten-
Die Kohlenmengen in

| Die Benennung der einzelnen Nebenproduktenkokereien | Die Werke und Gesellschaften, denen die einzelnen Kokereien gehören[1]) | Eisenbahnstationen: Ekat. = Ekaterinabahn, Süd. = Südbahnen, N.-Don. = Nord-Donezbahnen |
|---|---|---|
| Die Werke von Olivier Piette | | |
| 1. Makejewski | „Sociètè Minière et Metallurgique „Union" à Makejewka" | Jassinowotaja-Ekat. |
| 2. Druschkowski | „Sociètè du Donez à Drouchkowka" | Druschkowka-Süd. |
| Die Werke von Evence Coppée | | |
| 3. Petrowski | Petrowski-Hütte „Russo-Belge" | Jenakiewo-Ekat. |
| 4. Nowo-Smoljaninowski | Neurussische Gesellschaft | Jusowo-Ekat. |
| 5. Gossudarewo-Bajrakski | Gossudarewo-Bajrakski-Werke | Gossudarew-Bajrak-Ekat. |
| 6. Werowski | „Russo-Belge" | Jenakiewo-Ekat. |
| 7. Ssartanski | „La Providence Rüsse" | Ssartana-Ekat. |
| 8. Konstantinowski | A.-G. der Walzwerke | Konstantinowka-Süd. |
| 9. Rutschenkowski | | Rutschenkowo-Ekat. |
| 10. Jusowski | Neurussische Gesellschaft | Jusowo-Ekat. |
| 11. Nikitowski | Auerbach | Nikitowka-Süd. |
| 12. Muschketowski | Alexejewski Gesellschaft | Muschketowo Ekat. |
| Die Werke der Gesellschaft „Koksobenzol" | | |
| 13. Jassinowski | Gesellschaft d. Tulawerke | Monachowo, Ekat. |
| 14. Orlowo-Jelenowski | Orlowo-Jelenowski Bergwerke | Orlowskaja, N.-Don. |
| 15. Irminski | Irminski-Bergwerke | Jrmino, Ekat. |
| 16. Rubeschanski | „Koksobenzol" | Rubeschnaja, Ekat. |
| 17. Olchowski | A.-G. d. Hochöfenwerke | Brasol, N.-Don. |
| Verschiedene Besitzer | | |
| 18. Kadiewski[2]) | Südruss. Dnjeprovienne A.-G. und Artillerie-Verwaltung | Almasnaja-Ekat. |
| 19. Brjanski | A.-G. „Brjansk" | Orlowskaja, N.-Don. |
| 20. Kramatorski | Kramatorski-Metall.-Gesellschaft | Kramatorskaja-Süd. |
| 21. Gorlowski[3]) | Südrussische Gesellschaft für Steinkohlenindustrie | Gorlowka-Süd |
| 22. Schterbinowski | Gesellschaft für Steinsalzgewinnung in Südrußland | Krivoy-Toretz-Ekat. |
| Zusammen | | |

1) In Rußland gehören gewöhnlich die Koksofenanlagen zu den Kohlenbergwerken, während die sog. „Kondensationen" (das sind die Nebenproduktengewinnungsanlagen) meistens sich im Besitz einzelner Unternehmer (Coppée, Piett, „Koksobenzol" usw.) befinden. Die in dieser sowie in der ersten Rubrik als Besitzer angegebenen Werke und Gesellschaften funktionieren nunmehr (seit Anfang 1920) nicht mehr; sowohl die Kohlenbergwerke als auch die

kokerei in Südrußland.

1000 Pud (= 16,382 t).

| Die Anzahl der Koksöfen zum 1. Januar 1918 | Anzahl der im Bau befindlichen Koksöfen | Monatlich benötigte Kohlenmenge für die Verkokung | Zur Verkokung im Jahre 1915 verbraucht | Zur Verkokung im Jahre 1916 gebraucht | Benötigt für 1916 bei normalem Gang der Öfen | Zur Verkokung im Jahre 1917 verbraucht | Benötigt im Jahre 1917 beim normalen Gang der Öfen |
|---|---|---|---|---|---|---|---|
| 186 | 56 | — | 9183 | 16122 | 16682 | 14400 | 23987 |
| 70 | — | 922 | — | 3406 | 4395 | 4547 | 11220 |
| 260 | — | 2768 | 29511 | 32472 | 33764 | 26681 | 33671 |
| 180 | — | 1989 | 9470 | 21764 | 24266 | 15406 | 24200 |
| 60 | — | 592 | 6671 | 5757 | 7225 | 4135 | 7205 |
| 60 | — | 626 | 3512 | 6622 | 7633 | 1533 | 7612 |
| 44 | — | 379 | 553 | 3994 | 4509 | 1271 | 4497 |
| 44 | - | 511 | — | 1571 | 1952 | 3255 | 6212 |
| 140 | — | 1596 | — | — | — | 4377 | 6730 |
| — | 150 | — | — | — | — | — | — |
| 80 | — | 898 | — | — | — | 3621 | 7750 |
| 76 | — | — | — | — | — | — | — |
| 90 | — | 830 | — | — | — | 2972 | 7702 |
| — | 112 | — | — | — | — | — | — |
| — | 62 | — | — | — | — | — | — |
| — | 56 | — | — | — | — | — | — |
| — | 90 | — | — | — | — | — | — |
| 240 | — | 3465 | 12985 | 39919 | 42273 | 30095 | 42158 |
| 120 | — | 1560 | — | — | — | 8713 | 12194 |
| 50 | — | 570 | — | — | — | — | 6912 |
| 50 | — | 551 | — | 2537 | 2683 | 5825 | 6707 |
| 38 | — | 479 | 5489 | 5553 | 5841 | 5219 | 5825 |
| 1788 | 526 | — | 77374 | 139716 | 151222 | 132050 | 214580 |

Hütten, Kokereien, Benzolfabriken usw. sind zumeist nationalisiert worden (zum Staatseigentum erklärt).

2) Die Nebenproduktengewinnungsanlage gehörte vor dem Kriege H. Koppers; die Benzolrektifikation und die Naphtalinfabrik wurde während des Krieges von der Hauptartillerieverwaltung errichtet.

3) Die Leichtölanlage gehört der Gesellschaft „Carbonisation".

Die Tabelle IX sowie die 4 Diagramme (Abb. 1 bis 4) zeigen die Entwicklung der südrussischen Nebenproduktenkokerei während des Krieges.

Tabelle IX.

**Die Produktion und die Leistungsfähigkeit der Nebenproduktenkokerei in Südrußland während des Krieges.**[1]

Jahresproduktion in Pud (= 16,38 kg).

| Produkte der Kohlendestillation | 1913 | 1914 | 1915 | 1916 | 1917 | Die zu erreichende Jahresproduktion in Pud [2] |
|---|---|---|---|---|---|---|
| Absolute Produktion | | | | | | |
| Ammoniakwasser 16–25% | 167000 | 179000 | 154000 | 404400 | 1300000 | 2437300 |
| $NH_3$-Wasser d. Gaswerke | 16200 | 25800 | 25600 | 30100 | 29000 | 29000 |
| Ammoniumsulfat . . . . | 842900 | 1048300 | 720200 | 292600 | — | — |
| Flüssiges Ammoniak . . | — | — | — | 1000 | 1000 | 1000 |
| In 100 proz. $NH_3$-Wasser umgerechnet | | | | | | |
| In dem $NH_3$-Wasser der Kokereien . . . . . . . | 35500 | 39500 | 31000 | 81200 | 260000 | 485000 |
| In dem $NH_3$-Wasser der Gaswerke . . . . . . . | 4000 | 6400 | 6400 | 7500 | 7200 | 7200 |
| In schwefels. Ammoniak . | 170000 | 210000 | 140000 | 58500 | — | — |
| Insgesamt | 209500 | 255900 | 177900 | 157200 | 267700 | 492700 |
| Rohbenzol . . . . . . . | 12500 | 125000 | 284600 | 655200 | 1040400 | 1561200 |
| Reinbenzol | | | | | | |
| Erreichbare Ausbeute . . | — | — | 87900 | 218100 | 351300 | 574600 |
| Wirkliche Ausbeute . . . | — | — | 13800 | 66500 | 135200 | |
| Reintoluol | | | | | | |
| Erreichbare Ausbeute . . | — | — | 47200 | 120000 | 186000 | 294000 |
| Wirkliche Ausbeute . . . | — | — | 6500 | 50600 | 102000 | |
| Rein-Xylol | | | | | | |
| Erreichbare Ausbeute . . | — | — | 23200 | 38400 | 61600 | 103000 |
| Wirkliche Ausbeute . . . | — | — | 1000 | 15600 | 28500 | |
| Solvent-Naphta . . . . . | — | — | 90000 | 220000 | 350000 | 550000 |
| Rohphenol . . . . . . | — | — | 1800 | 5400 | 4400 | 6400 |
| Synthetisches Phenol [3] . | — | — | — | 21600 | 74000 | 84000 |
| Rohnaphtalin . . . . . . | 7000 | 50000 | 48000 | 167400 | 94600 | 275600 |
| 80 proz. Naphtalin. . . . | 3500 | 1300 | 10200 | 59100 | 42100 | 96300 |
| Rohanthracen. . . . . . | — | — | 900 | 2000 | 3700 | 13400 |
| Schweröle . . . . . . . | 679000 | 903000 | 1107000 | 1113000 | 1427000 | 2300000 |
| Teer aus Kokereien . . . | 1673000 | 1937600 | 3176800 | 3420200 | 3672000 | 5125000 |
| Teer aus Gaswerken . . | 97900 | 143400 | 119200 | 170400 | 164700 | 170000 |
| Gesamte Teerproduktion . | 1770900 | 2081000 | 3296000 | 3590000 | 3836700 | 5295000 |
| Pech. . . . . . . . . . | 786000 | 1250000 | 1212500 | 1245100 | 1247000 | 1582000 |
| Arb. u. Beamtenpersonal. | — | — | — | — | 2200 | — |

1) Nach Ssitnikoff.

2) Unter Berücksichtigung auch derjenigen Anlagen. die bis 1918 noch nicht ganz fertiggestellt waren.

3) Aus Benzol.

Ammoniak wird auf sämtlichen Nebenproduktenkokereien gewonnen; man erhält es in Form eines schwachen Ammoniakwassers ($^1/_2$—$1^1/_2$%iges), welches in den Ammoniakfabriken von den Kokereien: Petrowski, Kadiewski, Schterbinowski, Jassinowski, sowie auf der Jusowski-Chemischen Fabrik der Hauptartillerieverwaltung zu starkem 20—25%igem $NH_3$-Wasser umgearbeitet wird. Ein Teil des Ammoniaks wurde sowohl vor dem Krieg als auch während und nach demselben von den Sodafabriken verbraucht, die nach dem Solvay-Verfahren arbeiten; außerdem wird auf dem Sodawerk von Ljubimoff-Solvay (St. Perejesdnaja, Ekaterinenbahn), welches ebenfalls im Donezbecken (Lissitschansker Revier) liegt, und in der Schterbinowski Ammoniakfabrik Salmiakgeist (technisch reine 25%ige Lösung des Ammoniaks) hergestellt. Vor dem Krieg wurde der größte Teil des in den Kokereien gewonnenen Ammoniaks auf schwefelsaures Salz verarbeitet; die Einrichtungen zur Sulfatherstellung befanden sich auf den Kokereien von Evence Coppée, Olivier Piette, in Kadiewski- und Gorlowski-Anlagen. Von Mitte 1916 ist jedoch die Sulfatherstellung eingestellt worden, weil die Schwefelsäure von der Artillerieverwaltung für die Sprengstoffindustrie beschlagnahmt wurde. Das Ammoniakwasser sollte dagegen für die Herstellung von synthetischem Ammonsalpeter präpariert werden. Entsprechende Apparaturen konnten aber nicht so schnell beschafft werden, so daß einzelne Fabriken nicht imstande waren, das $NH_3$-Wasser eine Zeitlang auszunutzen, und gezwungen waren, dasselbe als Abfall zu behandeln, evtl. abfließen zu lassen. (Vgl. Tab. IX.) In letzter Zeit verwandte man einen Teil der Ammoniakproduktion zur Herstellung von Ammonsalpeter, in den man $NH_3$-Dampf durch $HNO_3$ absorbieren ließ. Für diesen Zweck wurden in den chemischen Fabriken der Lievenhöfschen A.-G. für Glas- und Korkenindustrie in Lissitschansk (Eisenbahnstation Naswetewitschi der Ekaterinabahn), in der Sprengstoffabrik der Frankorussischen Gesellschaft in Sterowka und in „Donezki Glas- und Chemische Fabriken" (Ssanturinowka) Apparaturen aufgestellt, die folgende Mengen von Ammonsalpeter (für Explosivstoffe) hergestellt haben.

Tabelle X. Ammonsalpeterherstellung in Südrußland in Pud.

| | 1913 | 1914 | 1915 | 1916 | 1917 |
|---|---|---|---|---|---|
| Sterowski | 4000 | 5500 | 46000 | 90060 | 70000 |
| Livenhof | — | — | — | 2400 | 12000 |
| Donezki | — | — | 26000 | 275200 | 500000 |

Diese Herstellungsart kommt jetzt besonders seit der bereits vorhin erwähnten Errichtung einer großen Anlage zur Herstellung von Salpetersäure aus Ammoniak nach Ostwald (Jusowo, Fabrik der Hauptartillerieverwaltung) nicht mehr in Frage.

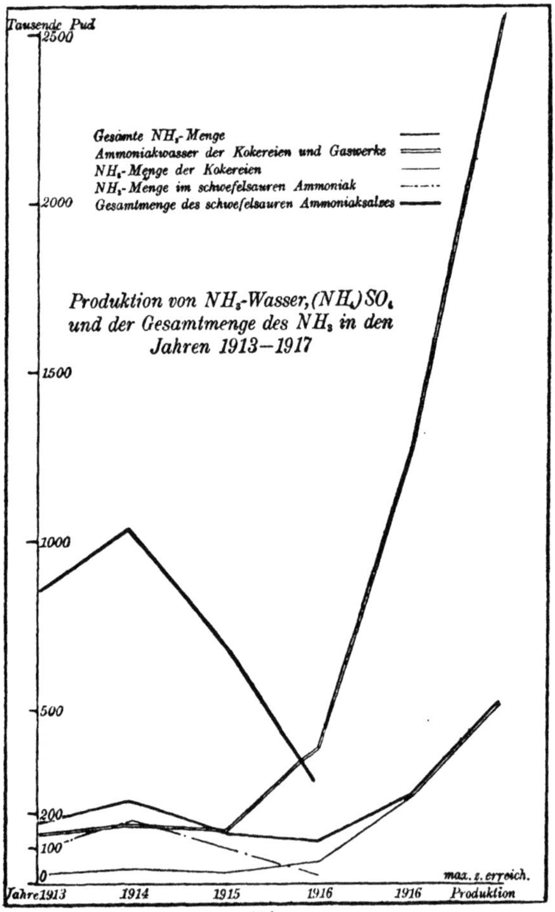


Abb. 1.

Wasserfreies Ammoniak, wie solches für Kühlanlagen benötigt wird, wird im Donezgebiet nicht fabriziert; man bezog es während des Krieges vom Moskauer Gaswerk.

Eine graphische Darstellung der Entwicklung der Ammoniakproduktion in den Jahren 1913 bis 1917 ist in der Abb. 1 gegeben.

Rohbenzol wurde vor dem Kriege, wie bereits oben erwähnt, in Rußland fast gar nicht hergestellt (vgl. d. Tab. VI, XI und XII), folglich waren auch keine Rektifikationsanlagen vorhanden. Seit Ende 1914 begann man Rohbenzol in Petersburg in der fiskalischen Gutujewsky Spiritus-Rektifikationsanlage weiter zu verarbeiten. 1915 wurden die Rektifikationsanlagen in Makejewka, 1916 in Kadiewka und Druschkowka errichtet; außerdem wurde im Jahre 1916 zu Benzolrektifikationszwecken die Brennerei Muchanoff (St. Dolbino, Südbahn) benutzt, so daß es nicht mehr nötig erschien, das Rohbenzol nach Petersburg zur Weiterverarbeitung zu transportieren. In den oben aufgezählten Anlagen wurde auch Xylol, Toluol sowie Solvent-Naphta und Schwefelkohlenstoff erhalten. Reine Produkte (Reinbenzol, Reintoluol und Reinxylol) wurden nur in Kadiewka und Makejewka hergestellt.

Bedeutende Mengen Benzol wurden während des Krieges zur Herstellung von synthetischem Phenol verbraucht, welches bekanntlich das Ausgangsprodukt bei der Fabrikation des Melinits darstellt.

Auf den Phenolwerken von Paramonoff (Station Schachtnaja der Süd-Ost-Eisenbahn) geschieht die Umwandlung des Benzols in Phenol nach dem folgenden Schema:

$$C_6H_6 + H_2SO_4 = C_6H_5SO_3H + H_2O$$
$$C_6H_5SO_3H + \tfrac{1}{2}Na_2CO_3 = C_6H_5SO_3Na + CO_2 + \tfrac{1}{2}H_2O$$
$$C_6H_5SO_3Na + 2\,NaOH = C_6H_5ONa + Na_2SO_3 + H_2O$$
$$C_6H_5ONa + \tfrac{1}{2}H_2SO_4 = C_6H_5OH + \tfrac{1}{2}Na_2SO_4 + \tfrac{1}{2}H_2O.$$

Das Benzol wird also mit Schwefelsäure sulfuriert und die erhaltene Sulfosäure in das Natriumsalz umgesetzt; das Benzolsulfonatriumsalz wird mit Ätzkali geschmolzen und das erhaltene Natriumphenolat mit Schwefelsäure zersetzt.

Dieselbe Arbeitsweise scheint auch auf den „Farbwerken“ in Moskau verwandt worden zu sein.

Das von den Phenolfabriken verarbeitete Steinkohlenbenzol hatte gewöhnlich ein spezifisches Gewicht von 0,8839 bei 15° C. Das Erdölbenzol hatte dagegen ein spezifisches Gewicht von 0,8665 bei 15° C.

Im Jahre 1916 wurde auf den Werken von Paramonoff 21600, im Jahre 1917 bis 74000 Pud synthetisches Phenol hergestellt. Der Säureverbrauch stellte sich entsprechend auf 73661 (66° Bé.) und auf 300000 Pud; der Brennstoffverbrauch betrug im Jahre 1916 beinahe 200000 Pud Anthrazit.

Neben dem synthetischen Phenol wurden noch verhältnismäßig unbedeutende Mengen Rohphenol aus den Teerölen ausgeschieden, u. a. auf der Anlage von Piette in Makejewka und auf der Phenolfabrik von Lwow (a. d. Station Schelesnaja der Ekat. Eisenbahn), auf dem letzteren wohl doch mehr nominell. Die Ausbeute an Rohphenol betrug 1916 und 1917 entsprechend 5400 und 4400 Pud, das sind weniger als 10% der Gesamtphenolproduktion Süd-Rußlands. In den großzügig angelegten, aber infolge des Revolutionsausbruches nicht ganz fertiggestellten Chemischen Fabriken „Rußkokraska" (russische Farbstoffe) ist ebenfalls eine Phenolanlage vorhanden, die aber nur wenig Phenol auf den Markt brachte, weil die Fabrikation kurz vor der Revolution begonnen hat.

Bei einer jährlichen Koksproduktion von über 270 Mill. Pud stellte Rußland vor dem Krieg beinahe kein Benzol resp. seine Homologen her, das als Ausgangsprodukte für die Farben-, pharmazeutische und Explosivstoffindustrie Verwendung finden konnte.

Unter der Annahme eines Benzolausbringens von 0,5% vom Gewicht der in den Koksöfen durchgesetzten Trockenkohle läßt sich feststellen, daß die Benzolgewinnung in den Kokereien im Jahre 1914 bei einer Gesamtkoksproduktion von 278000000 Pud nur 9% der möglichen Ausbeute betrug. Von der in den Teeröfen durchgesetzten Kohle betrug die Benzolgewinnung in derselben Zeit weniger als ein Viertel der möglichen Ausbeute.

Im Verhältnis zu der Einfuhr war die Benzolproduktion in Südrußland selbst minimal.

Tabelle XI. Gegenüberstellung der Erzeugung und der Einfuhr von Rohbenzol in Südrußland.

| | Eingeführtes Rohbenzol in Pud | in Südrußland erzeugtes Rohbenzol in Pud |
|---|---|---|
| 1911 | 135000 | 3813 |
| 1912 | 160000 | ? |
| 1913 | 220000 | 12500 |
| 1914 | 132000 | 125000 |

Wie die Tabelle XII zeigt, wurde das meiste Benzol nach Rußland aus Deutschland eingeführt.

Tabelle XII. Einfuhr von Benzol nach Rußland aus einzelnen Ländern.

| Jahr | Rohbenzoleinfuhr in Pud | | | Einfuhr von gereinigtem Benzol in Pud | | |
|---|---|---|---|---|---|---|
| | Gesamteinfuhr in Pud | aus Deutschland | aus England | ins-gesamt | aus Deutschland | aus England |
| 1911 | 135000 | 117000 | 18000 | 445 | 387 | 48 |
| 1912 | 160000 | 135000 | 24000 | 262 | 255 | 7 |
| 1914 | 220000 | 179000 | 41000 | 1987 | 1979 | 8 |
| 1915 | 132000 | — | — | 900 | — | — |

Die Entwicklung der Benzolproduktion in den Jahren 1913 bis 1917 ist in der Abb. 2 graphisch dargestellt.

Teerdestillationen befinden sich auf den folgenden Werken: Gorlowski, Petrowski, Kadiewski, Konstantinowski, Makejewski, Nikitowski, Nowo-Smoljaninowski, Orlowski, Schterbinowski.

Naphtalin wird ausgeschieden in den Anlagen: Kadiewski, Gorlowski, Petrowski, Makejewski, Nowo-Smoljaninowski, Gossudarewo-Bajlakski, Schter-

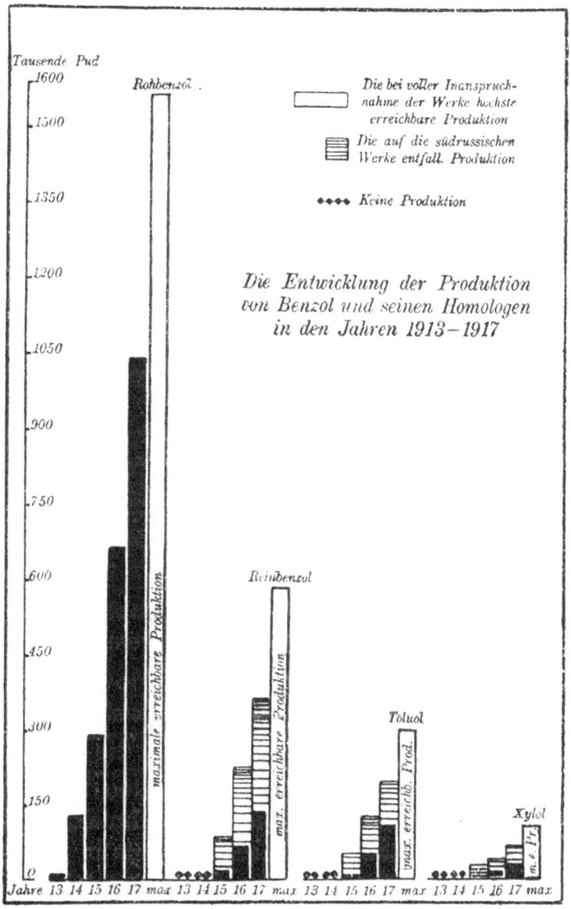


Abb. 2.

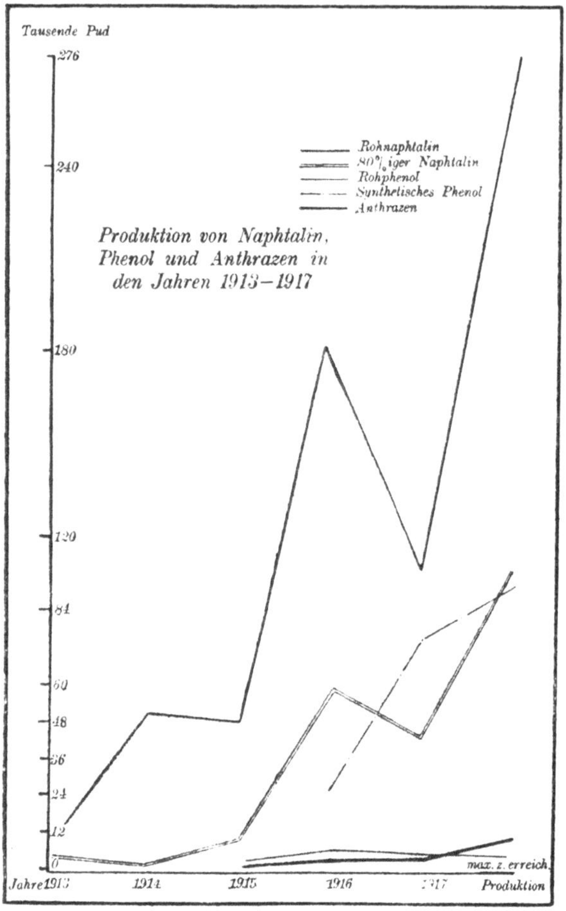


Abb. 3.

binowski, Jaasinowski. Reines Naphtalin wird in einer großen Naphtalinfabrik in Kadiewka hergestellt.

Anthrazen produzierten: Gorlowski, Petrowski, Kadiewski, Schterbinowski, Nowo-Smoljaninowski und Jassinowski-Anlagen.

Von Phenol war bereits oben die Rede.

Vor dem Kriege wurde in den Nebenproduktenkokereien nur schwefelsaures Ammoniak, Salmiakgeist, Teer und Pech gewonnen; Benzol, Anthrazen, Naphtalin sind entweder gar nicht oder nur in unbedeutenden Mengen (einige tausend Pud) erhalten worden. (Vgl. Tab. XIII.)

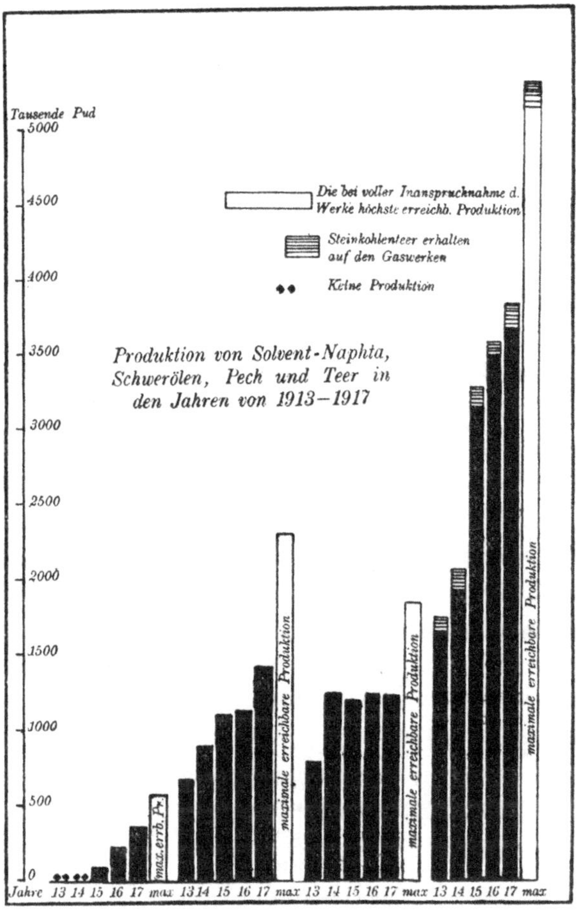


Abb. 4.

Tabelle XIII. Vergleichende Zusammenstellung der Produktion und der Einfuhr Rußlands an Kokerei-Nebenprodukten in den Jahren 1908—1910 in 1000 Pud.

| | 1908 | | 1909 | | 1910 | |
|---|---|---|---|---|---|---|
| | Produktion | Einfuhr | Produktion | Einfuhr | Produktion | Einfuhr |
| Konzentr. $NH_3$-Wasser | 150 | — | 258 | — | 259 | — |
| Schwefels. Ammoniak | 377 | 2,0 | 728 | 0,9 | 704 | 3,5 |
| Salmiakgeist, Salmiak | — | 22 | — | 31,0 | 3,2 | 52,0 |
| Benzol | 9,1 | 86,2 | 2,0 | 126,3 | 5,8 | 161,0 |
| Teeröle | — | — | 180 | — | 222 | — |
| Pech | — | 1228 | 197 | 1130 | 273 | 1048 |

In den Abb. 3 und 4 ist die Entwicklung der Verarbeitung von Steinkohlenteererzeugnissen während der Jahre 1913—1917 graphisch dargestellt.

## 5. Die Verwendungsgebiete der Nebenprodukte der Verkokung in Rußland.

Was die Verwendungsgebiete der Teerkokereierzeugnisse vor und während des Krieges anbetrifft, so gibt darüber die folgende Aufstellung (Tab. XIV) Aufschluß.

Tabelle XIV. Verteilung der Kokereinebenprodukte zwischen den Verbrauchern und Absatzgebieten vor und während des Krieges.

| Die Produkte der Koksfabrikation | Industrielle Absatzgebiete | Verbraucher | Vor dem Kriege 1913—1914 | | Während des Krieges 1916—1917 | |
|---|---|---|---|---|---|---|
| | | | Mengen in 1000 Pud | in % d. Ges.-Produkt. | Mengen in 1000 Pud | in % d. Ges.-Produkt. |
| Rohbenzol | — | Friedensindustrie | Angaben nicht vorhanden | | | |
| " | Verschiedene Gebiete | Kriegsindustrie | — | — | 1000 | 100 |
| Ammoniakwasser | Südrußland | Soda-Industrie und Salmiakgeist | 180 | 18 | 150 | 17 |
| " | " | Düngemittel (Ammoniumsulfat) | 850-1050 | 82—85 | 290—0 | 32—0 |
| " | " | Kriegsindustrie | — | — | 250—750 | 50—83 |
| Anthrazen | Moskauer Rayon | Farbstoffabriken | 1 | 100 | — | — |
| " | — | Kriegsindustrie | — | — | 3,7 | 100 |
| Rohnaphtalin | Moskauer Rayon | Farbstoffindustrie | 7—50 | 100 | — | — |
| | | Kriegsindustrie | — | — | 150 | 100 |
| Steinkohlenteer | Donezgebiet u. Moskauer Rayon | Verschiedene Industriezweige | 1770 | 100 | — | — |
| " | Angaben fehlen | Kriegsministerium | — | — | 3700 | 100 |
| Pech | Donezgebiet | Brikett- und Dachpappefabrikation | 790-1250 | 100 | — | — |
| " | Angaben fehlen | Marineministerium | — | — | 1250 | 100 |

Aus Benzol wurde 1917 auf zwei Werken 158000 Pud Melinit (durch Chlorbenzol) und ebenfalls auf zwei Werken 54000 Pud Dinitrobenzol hergestellt; in einer Fabrik wurden 6000 Pud Dimethylanilin hergestellt.

Toluol wurde in 9 Fabriken zu 600000 Pud Trotyl verarbeitet.

Xylol lieferte auf zwei Werken 96000 Pud Xylyl und Naphtalin etwa 100000 Pud Dinitrolnaphtalin (in zwei Fabriken).

Beim Betrachten der vorstehenden Zahlen ist auch die kaukasische (aus Erdöl) Benzol- und Toluolproduktion zu berücksichtigen.

Das vor dem Kriege von Farbstoffwerken verwendete Naphtalin wurde in der Kriegszeit ebenso wie Anthrazen von der Sprengstoffindustrie vollständig aufgearbeitet. Ebenso erging es dem Steinkohlenteer und dem Pech, die im Frieden immerhin in nicht unbeträchtlichen Mengen hergestellt wurden und in der einheimischen Friedensindustrie Absatz fanden. Auch die gesamte Phenolproduktion wurde zur Sprengstoffherstellung (Melinit) benutzt.

Die Leistungsfähigkeit der Anlagen war nicht vollständig ausgenutzt. Die Ursachen sind folgende: Mangel an Kokskohle und an Schwefelsäure, Umstellung auf verdichtetes $NH_3$-Wasser, Neuheit der Fabrikationsweise, die erst ausprobiert werden mußte, später Ausfall von feuerfestem Material zu Reparaturzwecken, Organisationsmängel, verschiedene Nebenerscheinungen des Krieges usw. Einen Vergleich zwischen den wirklichen und möglichen Leistungen der einzelnen Anlagen bringt die Tabelle XV (S. 20 und 21), welche auf Grund einer Umfrage der vorbereitenden Kommission der Südrussischen Chemischen Industrie Ende 1918 zusammengestellt wurde.

## 6. Das Friedensprogramm.

Mit der Kriegsbeendigung[1]) mußte man an die Frage der Verwendung der Kokereinebenprodukte herantreten. Die erreichte resp. bei der rationellen Durchführung des Betriebes erreichbare Leistungsfähigkeit der Nebenproduktenkokerei an einzelnen Produkten gab zu Besorgnissen Anlaß, daß die sich an die Friedensverhältnisse wieder angepaßte Industrie nicht imstande sein

1) Für die Fortführung des für das Wirtschaftsleben viel folgeschwereren aber nicht so blutigen Bürgerkrieges werden bei weitem nicht so viel Kokereiprodukte benötigt wie in dem Krieg 1914—1918.

## Tabelle XV. Die tatsächliche Produktion und einzelner Nebenprodukten-

| | 16—25 % Ammoniakwasser | | Schwefelsaures Ammoniak | | Rohbenzol | | Reinbenzol | | Toluol | |
|---|---|---|---|---|---|---|---|---|---|---|
| | Die Produktion im Jahre 1917 | Die maximale erreichbare Produktion | Die Produktion im Jahre 1917 | Die maximale erreichbare Produktion | Die Produktion im Jahre 1917 | Die maximale erreichbare Produktion | Die Produktion im Jahre 1917 | Die maximale erreichbare Produktion | Die Produktion im Jahre 1917 | Die maximale erreichbare Produktion |
| **Die Werke von Olivier-Piette.** | | | | | | | | | | |
| 1. Makejewski | 140000 | 144000 | 122600[1]) | 200000 | 162000 | 162000 | 56000 | 56000 | 30000 | 30000 |
| 1. Druschkowski | — | — | — | — | 68400 | 68400 | 20000 | 20000 | 12000 | 12000 |
| **Die Werke von Evence Coppée.**[2]) | | | | | | | | | | |
| 3—10. Vgl. die Tabelle VIII | 500000 | 1443000 | —[3]) | 550000 | 443000 | 455000 | — | — | — | — |
| **Die Werke der Ges. „Koksobenzol".** | | | | | | | | | | |
| 11. Jassinowski[4]) | 25000 | 525000[5]) | — | — | — | — | — | — | — | — |
| **Verschiedene Besitzer.** | | | | | | | | | | |
| 12. Kadiewski | 120000 | 140000 | — | 430000 | 155000 | 216000 | 55000 | 108000 | 34000 | 84000 |
| 13. Brjanski | — | — | — | — | 50000 | 50000 | — | — | — | — |
| 14. Kramatorski | — | — | — | — | 25000 | 40000 | — | — | — | — |
| 15. Gorlowski | 24000 | 25000 | — | — | 36000 | 46800 | — | — | — | — |
| 16. Schterbonowski | 48800 | 70000 | — | 100000 | 19350 | 21350 | — | — | — | — |
| 17. Wesselo-Lopanski[7]) | — | — | — | — | — | — | 50000 | 50000 | 28000 | 28000 |

1) Die Angabe bezieht sich auf das Jahr 1916.

2) Es sind hier die Gesamtergebnisse für 8 Nebenproduktenanlagen der Firma Evence Coppée angegeben. Die Angaben beziehen sich auf die Werke: Petrowski, Nowo-Smoljaninowski, Gossudarewo-Bajrakski, Werowski, Ssartanski, Konstantinowski, Rutschenkowski und Nikitowski.

3) Im Jahre 1915 524000 Pud, im Jahre 1916 1695000 Pud.

4) Von den fünf der Gesellschaft „Koksobenzol" (Aktiengesellschaft für Koksindustrie- und Benzolproduktion Charkow) gehörenden Werken kommt nur eins in Betracht; die vier anderen Anlagen (vgl. Tab. VIII) sind bis heute noch nicht fertiggestellt resp. im Bau begriffen.

5) Nach der Fertigstellung der vier noch nicht vollendeten Anlagen.

6) Nach der Fertigstellung der anderen im Bau befindlichen Anlagen der Gesellschaft würde sich die maximal erreichbare Produktion bis 535000 Pud erhöhen.

7) Eine zur Rektifikation von Benzol und seiner Homologe eingerichtete Brennerei.

die höchst zu erreichende Leistungsfähigkeit gewinnungsanlagen.

| Xylol | | Roh-naphthalin | | 80% u. gerein. Naphtalin | | Roh-anthrazen | | Teeröle verschiedene | | Teer | | Pech | |
|---|---|---|---|---|---|---|---|---|---|---|---|---|---|
| Die Produktion im Jahre 1917 | Die maximale erreichbare Produktion | Dio Produktion im Jahre 1917 | Die maximale erreichbare Produktion | Die Produktion im Jahre 1917 | Die maximale erreichbare Produktion | Die Produktion im Jahre 1917 | Die maximale erreichbare Produktion | Die Produktion im Jahre 1917 | Die maximale erreichbare Produktion | Die Produktion im Jahre 1917 | Die maximale erreichbare Produktion | Die Produktion im Jahre 1917 | Die maximale erreichbare Produktion |
| 12500 | 15000 | 72000 | 72000 | 20000 | 30000 | — | — | 78000 | 78000 | 612000 | 612000 | 360000 | 360000 |
| 3000 | 4000 | — | — | — | — | — | — | — | — | 240000 | 240000 | — | — |
| — | — | 58000[1]) | 120000 | — | — | — | — | 568000 | 568000 | 1991000 | 2917000 | 279000 | 279000 |
| — | — | 1500 | 32700[5]) | — | — | 506 | 7900[5]) | 35000 | 535000[6]) | 20000 | 20000 | 35000 | 35000 |
| 7000 | 30000 | 15000 | 15000 | 15000 | 15000 | 120 | 2000 | 369000 | 377000 | 970000 | 1000000 | 370000 | 400000 |
| — | — | — | — | — | — | — | — | — | — | — | — | — | — |
| — | — | — | — | — | — | — | — | — | — | — | — | — | — |
| — | — | — | — | 3300 | 5000 | 200 | 2000 | 32500 | 55000 | 184000 | 200000 | 90000 | 90000 |
| — | — | 6100 | 7300 | 6100 | 7600 | — | — | 32300 | 39600 | 164700 | 170800 | 91500 | 122000 |
| 6000 | 12000 | — | — | — | — | — | — | — | — | — | — | — | — |

würde, die für russische Friedensverhältnisse als gewaltig erscheinenden Mengen zu verarbeiten.

Zunächst das Ammoniakwasser. Seine Erzeugung kann bei den bestehenden Anlagen beinahe bis 2,5 Millionen Pud*) jährlich gesteigert werden. Die Stickstoffabrik in Juzowo kann 700000 Pud $NH_3$ Wasser verarbeiten und dabei etwa dieselbe Menge Ammonsalpeter (= 1½ fache Menge Kalksalpeter) liefern. Ein gewisser Teil des Ammoniakwassers wird von der Sodaindustrie wie von einigen anderen Industriezweigen benötigt. Der Rest könnte als schwefelsaures Ammoniak, da Schwefelsäure in Überfluß zur Verfügung stehen würde, auf den Markt gebracht werden. Man könnte bei den bestehenden Anlagen mit 1,5 Millionen 25%igem schwefelsaurem Ammoniak rechnen, also insgesamt mit 2—2,2 Millionen Pud Stickstoffdünger. Laut dem Bericht des internatio-

*) 25% iges $NH_3$-Wasser.

nalen landwirtschaftlichen Instituts in Rom von 1913 stellte sich der Kunstdüngerverbrauch in einigen Ländern folgendermaßen:

Tabelle XVI. Kunstdüngerverbrauch in einzelnen Ländern in kg/ha.

| | Belgien | Deutschland | Rußland |
|---|---|---|---|
| Phosphordünger . . . . | 140 | 80 | 5,8 kg/ha |
| Kalidünger . . . . . . | 24 | 63 | 0,7 „ |
| Stickstoffdünger . . . . | 72 | 23 | 0,4 „ |
| Zusammen | 236 | 166 | 6,9 kg/ha |

Der Stickstoffverbrauch Rußlands beträgt somit nur etwa 4% von demjenigen Deutschlands und 3% Belgiens. Durch geeignete Propaganda, die vor dem Kriege von den Semstwos (Kreis- und Provinzselbstverwaltung) bereits eingesetzt wurde und nur durch den Kriegsausbruch zunichte gemacht wurde, konnte ein Absatz für den Stickstoff zweifellos geschaffen werden. Allein für die Wiederzuführung dem Boden der Phosphorsäure, die mit dem Getreide vor dem Kriege nach dem Auslande ausgeführt wurde, würde man jährlich in Rußland 50 Millionen Pud 12%iges Superphosphat benötigen. Auch die stark in den letzten Jahren vor dem Krieg gestiegene Einfuhr von Kunstdünger (vgl. Tab. XVII) bestätigt den zunehmenden Bedarf und Verbrauch von Kunstdünger.

Tabelle XVII. Einfuhr von Kunstdünger nach Rußland in den Jahren 1906—1912.

| Jahre | Superphosphate | | Thomasschlacke | |
|---|---|---|---|---|
| | Tausende Pud | Prozentuale Zunahme | Tausende Pud | Prozentuale Zunahme |
| 1906 | 1660 | 100 | 3397 | 100 |
| 1909 | 4589 | 276 | 5641 | 166 |
| 1910 | 7359 | 443 | 7899 | 232 |
| 1911 | 9426 | 556 | 8513 | 250 |
| 1912 | 11492 | 692 | 10347 | 305 |
| 1913 | 12010 | 724 | 11380 | 335 |

Allerdings müssen in bezug auf Ammoniakdünger die russischen inneren Transportverhältnisse berücksichtigt werden. Nach den Aussagen eines russischen Fachmannes soll in dem Tschernosem (Schwarze Erde)-Gebiete Südrußlands, also dem dem Donezgebiet am nächsten gelegenen Landesteile, kaum mit einem

Stickstoffbedarf gerechnet werden. Dagegen wird ein Bedarf an Stickstoffdünger in den weiter nach Norden und Nordwest gelegenen Teilen des russischen Staates auftreten.

Vor dem Kriege konnte es aber wegen der Entfernung und hohen Transportkosten mit dem zollfreien Chilesalpeter nicht konkurrieren, von welchem in der ersten Hälfte des Jahres 1916 bereits 2650000 Pud eingeführt wurden (teilweise auch für die Salpetersäurefabrikation).

Darin wird auch wenigstens zum Teil die Erklärung dafür liegen, daß das russische schwefelsaure Ammoniak zu einem großen Teil vor dem Kriege nach Sizilien ausgeführt wurde. Der Handel mit russischem Ammonsulfat lag in den Händen der belgischen Unternehmung Evence Coppée. Zurzeit lagern in Mariupol etwa 300000 Pud $NH_3$-Salz.

Was die anderen Nebenprodukte der Kokereibetriebe betrifft (Benzol mit seinen Homologen, Teer, Anthrazen usw.), so bekommen wir ein folgendes Bild. Trotz der vorhandenen „Rekuperations“[1])-Anlagen wurden verschiedene Kokereiprodukte aus dem Auslande eingeführt. Die von Raschkowitsch und Orloff darüber angegebenen Zahlen stimmen miteinander nicht ganz überein.

Im Jahre 1913 betrug die Einfuhr (vgl. Tabelle XVIII):

Tabelle XVIII. Einfuhr der Kokereinebenprodukte nach Rußland im Jahre 1913 in Pud.

| | nach Raschkowitsch | nach Prof. Orloff |
|---|---|---|
| Anthrazen | 37000 | — |
| Rohnaphtalin | 197000 | 200000 |
| Rohphenol | 80000 | 90000 |
| Rohbenzol und Toluol | 222000 | 232000 |
| gereinigtes Benzol | 2000 | 3600 |
| Karbolsäure | 17000 | 14000 |
| Steinkohlenteer | — | 2080000 |

Vergleicht man die vorstehende Tabelle mit den Tabellen VII und IX, so ersieht man, daß vor dem Kriege die meisten dieser Produkte in Rußland entweder gar nicht oder nur in kleineren Mengen hergestellt wurden. Die Tabelle IX zeigt dagegen eine große Entwicklung der Produktion dieser Fabrikate während des Krieges.

1) Das ist der landläufige Ausdruck für Nebenproduktengewinnungsanlagen.

Nach den von Prof. Orloff und Rodionoff angestellten Berechnungen, die ich an dieser Stelle nicht wieder bringen möchte, weil sie nicht mehr in den Rahmen dieser Mitteilungen gehören, wird für die Deckung der Bedürfnisse der Baumwoll- und Seidenindustrie sowie auch zur Herstellung von pharmazeutischen Erzeugnissen jährlich benötigt:

1. Anilin 180000 Pud.
2. Naphtol 40000 Pud.
3. Phenol 44000 Pud.
4. Anthrachinon und Antrachinon-Monosulfosäure 32600 Pud.
5. Chlor-Dinitrobenzol (für Schwefelfarben) 60000 Pud.
6. Alpha-Naphtilamin 24000 Pud.
7. Blaue und schwarze Schwefelfarben 110000 Pud.
8. Einige Toluolderivate.

Für die Verwirklichung dieses Programmes würde man in der neu zu schaffenden russischen chemischen Industrie, wofür der Umbau einiger hauptsächlich für die Kriegsindustrie eingerichteten Werke in Frage käme, jährlich folgende Mengen Kokereifabrikate benötigen:

| | Farbstoffindustrie | Pharmazeutisch-medizinische Industrie |
|---|---|---|
| Benzol | 123—277000 Pud | 113000 Pud |
| Toluol | 22000 „ | 6300 „ |
| Xylol | 100—4200 „ | — |
| Naphtalin | 86—140000 „ | 1220 „ |
| Anthrazen | 30000 „ | — |

Beim Vergleich der obigen Zahlen mit der Tabelle IX stellt man fest, daß noch ein bedeutender Überschuß an Kokereinebenprodukten zurückbleibt, die eventuell in den Verbrennungsmotoren auszunutzen wären. Wenn auch früher die Konkurrenz der besonders für den Kleinmotorenbetrieb besser geeigneten bzw. mehr begehrten Erdölfabrikate ziemlich stark war, so fällt diese Tatsache zurzeit nicht mehr so schwer ins Gewicht. Erstens ist die Erdölindustrie durch den Bürgerkrieg und die Orientfrage nicht mehr so leistungsfähig wie früher, und zweitens muß bei dem heutigen total ruinierten Eisenbahntransport zum Lastautotransportwesen gegriffen werden; zur Wiederherstellung der ehemaligen Leistungsfähigkeit der russischen Bahnen werden rund 200000 Waggons und 10000 Lokomotiven benötigt. Es werden Jahre vergehen, bis dieses Programm auch nur zum Teil verwirklicht wird. Ich sehe daher die einzige Rettung bei den heutigen Verhältnissen in den Lastautos kommen, wenn auch die Landstraßen Rußlands nicht als ideal bezeichnet werden können. Es kann dann sogar ein Mangel an Treibmitteln eintreten.

Die Entwicklung der russischen Benzolindustrie war vor dem Kriege aus dem Grunde nicht möglich, weil das russische Erzeugnis die Konkurrenz mit dem deutschen Rohbenzol nicht aushielt; die Frachten von Hamburg nach den baltischen Häfen zusammen mit den Zöllen stellten sich geringer (16 plus 30 Kopeken) als allein die Kosten des Transportes auf der russischen Bahn, vom Donezbecken bis Petersburg (57 Kopeken). Die 1908 bis 1909 begonnene Entwicklung der Benzolindustrie, wobei die Produktion bereits bis 100000 Pud im Jahre stieg, hat nachher wieder nachgelassen (1913 nur 12500 Pud); auch waren keine Rektifikationsanlagen vorhanden. Bis 1916 (in den ersten zwei Jahren des Krieges) mußte das Rohprodukt nach Petersburg geschickt werden, von wo aus die Reinprodukte nach den Sprengstoffabriken wiederum verschickt wurden. Ein solches mit bedeutenden Kosten und starker Inanspruchnahme der Eisenbahn verbundenes Verfahren konnte man sich natürlich nur im Kriege leisten. 1916 sind ein paar Benzolrektifikationen in dem Donezgebiet entstanden und wurde mit dem Bau von weiteren begonnen; aber infolge der Revolution und des darauffolgenden andauernden Bürgerkrieges, der gerade in dem viel umstrittenen Donezgebiete besonders lange währte und mit großer Zähigkeit von den beiden Parteien (weiße und rote Armee) geführt wurde, konnten diese Rektifikationen nicht mehr fertiggestellt werden. So hat z. B. die Gesellschaft „Koksobenzol“ in Rubeschnaja nach den Plänen von Ingenieur Pirron den Bau einer bedeutenden Rektifikationsanlage in Angriff genommen; auch jetzt (Mitte 1920) befinden sich dort riesige (nach den heutigen russischen Begriffen) Lager von Baumaterialien, Apparate, Steine usw., welche den größten Teil des zur Errichtung der Anlage notwendigen Materials decken konnten.

Der Transport der leichten Produkte der Kokereiindustrie nach dem Norden, wo sich die großen Farbstoff- und andere Werke befinden, ist mit hohen Kosten verbunden; die Umwandlung dieser Produkte an Ort und Stelle in Halbfabrikate der Farben- und pharmazeutischen Industrie erschien zweckmäßiger und billiger und würde auch die Transportkosten herabdrücken.

Die richtige Erkenntnis dieser Tatsachen führte einige Unternehmungen zur Verwirklichung dieses Planes. So wurde von dem bekannten (vor ein paar Jahren verstorbenen) Moskauer Großindustriellen Wtoroff eine große „A.-G. der russischen chemischen Industrie des Jahres 1914" („Rußkokroska" = Russische Farbstoffe) ins Leben gerufen, die ganz geschickt die Wahl des Ortes zur Errichtung ihrer Anlagen in Rubeschnaja getroffen hatte. Die Fabrik liegt direkt an der Eisenbahn, gegenüber den Kokereianlagen von „Koksobenzol", zwei Kilometer vom Fluß Donez, vier Kilometer von der eigenen Kohlengrube entfernt, ist durch Eisenbahnen mit den in der nächsten Umgegend befindlichen großen chemischen Fabriken (Sodawerke, Glashütten usw.) verbunden, besitzt eine große Gießerei, Werkstätten, Ziegelei und bedeutende Baumaterialienlager und technische Magazine; an die Fabrik schließt sich eine nach europäischem Muster errichtete Arbeiterkolonie an. In der Fabrik sollten $\beta$-Naphtol, Bensidin, H- und $\gamma$-Säure, Phenol, Alizarin usw. hergestellt werden. Aber auch für diese großzügig angelegte Anlage kam die Revolution zu früh. Die Werksgebäude sind nur zum Teil fertiggestellt, und die Montage wurde nur in einem Fabrikgebäude vollständig durchgeführt. Aber auch in diesem Teile der Fabrik konnte der Betrieb nur ein paar Monate andauern. Seit der Revolution ist die Fabrik nicht mehr in Betrieb; die Arbeiterbelegschaft und das technische Personal sind aber sogar in dieser schweren Zeit, wo alles in Rußland wanderte, infolge der ausgezeichneten Wohnungsverhältnisse an Ort und Stelle geblieben — ein krasser Beweis für die Industriellen, besonders die kurzsichtigen, französischen Unternehmer der Donezbergwerke, die für die Arbeiterschaft eine solche Unterkunft boten, daß man sogar den verhältnismäßig anspruchslosen russischen Arbeiter nur schwer in solche industriellen Unternehmungen verlocken konnte.

Pech für die Brikettfabrikation und Teer für Imprägnierung von Eisenbahnschwellen sowie andere Holzgegenstände und Pappe fanden in Rußland schon seit langer Zeit festen Absatz.

## 7. Versuche der Teerverwertung.

Als im Jahre 1918 die Frage der Belieferung der Ukraine mit Erdöl und deren Produkten an Schärfe zunahm, sind auf Anregung von „Chatop" (jetzt Jugotop[1]) Versuche zur Verwendung von Steinkohlenteer und seiner Destillationsprodukte als Treib- resp.

1) Chatop—Charkower Brennstoffstelle; Jugotop—Brennstoffverteilungsstelle für Südrußland.

Schmiermittel angestellt worden. Die Leistungsfähigkeit der bestehenden Nebenproduktenöfen konnte zu jeder Zeit bei Vollbelastung über 400000 Pud Steinkohlenteer monatlich liefern, und dies entsprach dem damaligen Bedarf der Ukraine an flüssigen Brennstoffen und Schmiermitteln. Es mögen hier die erhaltenen Versuchsresultate kurz skizziert werden.

Die Verbrennung des Rohteers in einem von den Charkower Lokomotivwerken neuerbauten 100pferdigen Zweizylinder-Dieselmotor war vollständig.

Im Kiewer Polytechnischen Institut sind für Großdieselmotore (über 50 P.S.) ebenfalls zufriedenstellende Ergebnisse erhalten worden; es mußten nur einige den Eigenschaften des Rohteers entsprechende Änderungen in den Motoren vorgenommen werden.

Das Charkower Elektrizitätswerk, die Charkower Lokomotivenfabrik usw. kamen während des Ausbleibens des Erdöls ganz gut mit dem Steinkohlenteer aus.

Für Kleinmotore (z. B. Stationärer Dieselmotor „Avance" von 5 P.S.) erwies sich Rohteer als weniger brauchbar; dagegen ergab sich ein Gemisch von 90%igem und 50%igem Rohbenzol als anwendbar.

Der bedeutende Charkower Professor Lidoff (vor zwei Jahren verstorben) stellte eine ganze Reihe Schmiermittel aus Steinkohlenteer her. Einige davon, hergestellt aus Kadiewski-Koksofenteer und Charkower Gaswerkteer wurden an den Wagen der elektrischen Straßenbahnen in Charkow und an der Staatseisenbahn (Strecke von 820 Werst) ausprobiert. Es ergaben sich für die Sommerverhältnisse zufriedenstellende Resultate; durch einen Zusatz von etwa 1% gelöschten Koks wurde der Säuregehalt im Schmiermittel neutralisiert, so daß in dieser Hinsicht keine störenden Einflüsse aufgetreten waren. Gemische von Steinkohlenteer und Anthrazen resp. Kreosotöl erwiesen sich als noch besser geeignet.

Für niedrigere Temperaturen erwies sich ein auf dem Bergwerk Pestereff (St. Mandrykino) aus Erdölpech und Anthrazen hergestelltes Gemisch als gut geeignet; hier spielten also die Kokereiprodukte die Rolle eines Streckungsmittels.

Ersatz für Maschinen-, Zylinder- und Motorenöl wurde aus Steinkohlenteerölen ebenfalls hergestellt, es gelangte jedoch über ihre Zusammensetzung resp. Art der Herstellung nichts in die Öffentlichkeit. Immerhin ist es mir bekannt, daß auf zwei größeren Teerdestillationen aus Kokereiteer brauchbare Schmiermittel mit einem erhöhten Viskositätsgrad hergestellt wurden; auf dem vorhin erwähnten Pestereffschen Kohlenbergwerk ist ein Zylinderöl mit einem Flammpunkt von 210—240 Grad C. erhalten worden.

Versuche zum Erhalten von „Tieftemperaturteer“ wurden im Charkower Technologischen (Professor Lidoff) und Ekaterinoslawer Berginstitut (Professor Rubin?) angestellt. Leider konnte ich nicht mehr feststellen, ob gleichzeitig auch Versuche mit den in den Gouvernements Kiew und Cherson reichlich vorhandenen Braunkohlen durchgeführt worden sind.

## 8. Die Benzolfabrikation.

Betreffs des fabrikatorischen Teiles der Benzolgewinnung wären wohl hier einige Mitteilungen am Platze.

In den Donezschen Benzolfabriken wurde früher das Rohbenzol direkt mit Schwefelsäure behandelt. Man ging aber später dazu über, aus dem Rohbenzol mittelst Lauge zunächst Phenole zu entziehen.

Der Gehalt an Phenolen in den aus dem Kosksofengase ausgewaschenen Donezbenzol beträgt 1,5—3,0%; die aus Leichtöl erhaltenen Rohbenzole enthalten bedeutend mehr (5—15%) Phenol. Mit der Einführung dieser anderen Art der Reinigung sank der Säureverbrauch um 10—50%, und es ist ermöglicht worden, „Rohphenol“ zu gewinnen.

Die Temperaturverhältnisse lassen viel zu wünschen übrig. Im Winter betrug die mittlere Temperatur in den Benzolwaschern 20—25° C. und im Sommer 33—35° C., wobei die Temperatur nicht selten sogar bis 38—40° C. stieg; in solchen Fällen betrug der Benzolverlust mindestens 35%. Es werden auf den Benzolgewinnungsanlagen Waschöle gebraucht, die etwa zwischen 200 und 300° C. sieden. Je mehr das Öl Bestandteile enthält, welche zwischen 230 und 280° übergehen, um so besser ist es für die Benzolabsorption geeignet. Das regenerierte Benzolwaschöl auf einer der Donezschen Anlagen wies z. B. folgende Zusammensetzung[1]) auf:

1) Vgl. auch die Tabelle XIX.

| | | | |
|---|---|---|---|
| | | 200° — | 1-er Tropfen |
| Ölgehalt | 68,0 % | 200—210° — | 2,5 % |
| Naphtalin | 20,0 % | 210—220° — | 3,0 % |
| Anthrazen | 12,0 % | 220—230° — | 11,0 % |
| Summa | 100,0 % | 230—250° — | 40,5 % |
| | | 250—270$_0$ — | 24,5 % |
| Spez. Gew. | 1,045 | 270—280° — | 6,5 % |
| | | 280—290° — | 5,5 % |
| | | 290—300° — | 6,0 % |
| | | Rückstand | 0,5 % |
| | | Summa | 100,0 % |

Sonst ist das Waschöl viel schlechter. Es kamen Frischöle mit 50—60 % Naphtalin und mit einem Rückstand bis zu 20 % (nach 300° C.) vor.

Die Reinigung des Rohbenzols wird auf Grund der Arbeiten von Petroff und Krasnowski[1]) auf einer Anlage (Kadiewka) wie folgt ausgeführt:

Das Rohbenzol oder seine Fraktion bis 150° C., welche mittels Lauge von Phenolen befreit wird, wird mit einer im Laboratorium zu ermittelnden Menge Schwefelsäure (in Kadievka 10—11 %) bearbeitet, dann mit Soda, Kalk oder Ätznatron bis zum Eintreten einer schwach alkalischen Reaktion neutralisiert und mit direktem Dampf abgetrieben. Es werden dabei zunächst die leicht siedenden Teile abgetrieben und dabei die Fraktionen bis 150° oder bis 120° C., sowie die Xylolfraktion zwecks weiterer Rektifikation abgenommen. Zuweilen wird dabei eine unwesentliche Entwicklung von Ammoniak beobachtet, welches sich gegen Ende des Abtreibprozesses infolge der Zersetzung der Stickstoffverbindungen bildet.

Wird die Rektifikation in kupfernen Kolonnen ausgeführt, so muß die durch Abtreiben mit Dampf erhaltene Benzolfraktion mit Wasser oder mit schwacher Schwefelsäure und Soda gewaschen werden. Bei dieser Arbeitsweise tritt kein Zerfressen der Apparate ein. Auch wird dabei das Waschen mit schwacher Schwefelsäure, sowie die vielen Waschungen mit Wasser und mit dem anfangs angewandten Kaliumpermanganat erspart. Ferner wird das Blei in den Waschapparaten nicht angegriffen, sowie die Verluste an Produkten, die beim Waschen der Emulsion mit Wasser unvermeidlich sind, betragen dabei nur ein Minimum.

In der Tabelle XIX sind die während einer siebenmonatlichen Betriebsperiode erhaltenen Resultate enthalten.

1) Gornosawodskoje Djelo Nr. 13/14, 1917, S. 15585.

Tabelle XIX. Betriebsergebnisse einer

| Monat | Monatlich verkokte Kohlenmenge in 1000 Pud | Anzahl der monatlich gedrückten Öfen | Monatliches Rohbenzolausbringen in Pud | Benzolausbringen in Prozenten vom Kohlengewicht | Monatliches Ausbringen der Benzolfraktion bis 140° C. (in Pud) | Benzolfraktion bis 140° C. in % des Kohlengewichts | Benzolfraktion bis 140° C. in % des Gesamtrohbenzols |
|---|---|---|---|---|---|---|---|
| I. | 3511 | 5016 | 13923 | 0,40 | 9746 | 0,31 | 70 |
| II. | 3121 | 4392 | 10583 | 0,34 | 7411 | 0,24 | „ |
| III. | 3500 | 4966 | 13210 | 0,38 | 9511 | 0,27 | 72 |
| IV. | 3420 | 4886 | 12640 | 0,37 | 9353 | 0,27 | 74 |
| V. | 3548 | 5068 | 13838 | 0,39 | 10083 | 0,27 | 73 |
| VI. | 3350 | 4847 | 17669 | 0,53 | 12721 | 0,37 | 72 |
| VII. | 3315 | 4740 | 17615 | 0,53 | 13387 | 0,40 | 76 |

Abgesehen von den Temperaturverhältnissen, erscheint es, daß mit dem Waschöl vom spezifischen Gewicht 1,10 (Viskosität nach Engler 3°, behandelt mit Lauge) sich die besten Resultate erzielen lassen.

Der Benzolgehalt des Gases betrug 17—20 gr pro cbm.

Eine Probeverkokung wurde mit verschiedenen benzolreichen Kohlen durchgeführt, so z. B. mit Pobjedinskikohlen aus dem Moskauer Revier, welche 5,5% Benzol ergeben soll, während die Donezkohle des Zentralgebietes nur 0,43%, des Makejewkagebietes 0,8% und die Lissitschanskkohle 1,5% enthält. Nach Bulgakoff schwanken die Benzolausbringen zwischen 0,4, und 0,8%, im Durchschnitt darf jedoch 0,5% angenommen werden.

Am See Balchasch wurden organische Verbindungen gefunden,

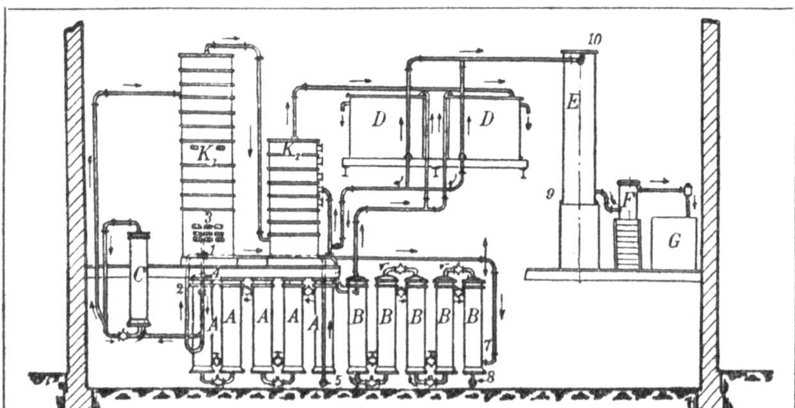


Abb. 5.

südrussischen Rohbenzolanlage.

| Gastemperatur in °C. | Temperatur in den Wäschern | Waschölbeschaffenheit | | | Prozentuale Kohlenzusammensetzung | | |
|---|---|---|---|---|---|---|---|
| | | Spez. Gewicht bei 15° C. | Destilliert in % | | | | |
| | | | bis 200° C. | bis 300° C. | Achse | Schwefel | Flüchtige Bestandteile |
| 23 | 23—26 | 1,05 | 4,0 | 71,0 | 10,0 | 3,0 | 2,2 |
| 33 | 27—30 | „ | „ | „ | „ | „ | „ |
| „ | 29—30 | „ | „ | „ | „ | „ | „ |
| 40 | 33—34 | 1,10 | 10,0 | 41,0 | „ | „ | „ |
| „ | 34—35 | „ | „ | „ | „ | „ | „ |
| 26 | 23—24 | „ | 8,0 | 56,0 | „ | „ | „ |
| „ | 20—25 | 1,08 | 14,0 | 65,0 | „ | „ | „ |

welche 12% Benzol enthalten. Diese wurden ebenfalls einer Probedestillation unterworfen.

Man ist aber nicht so weit gekommen, um diese Laboratoriumsresultate praktisch zu verwerten, zurzeit befaßt sich mit dieser Aufgabe der „Glawslanez“[1]) (Hauptkomitee der russischen Ölschieferindustrie.)

Die Gewinnung des Rohbenzols und der gereinigten Produkte, wie dieselbe zumeist im Donezbecken gehandhabt wird, möge hier auf Grund der Abb. 5—8 erläutert werden. Die Beschreibung

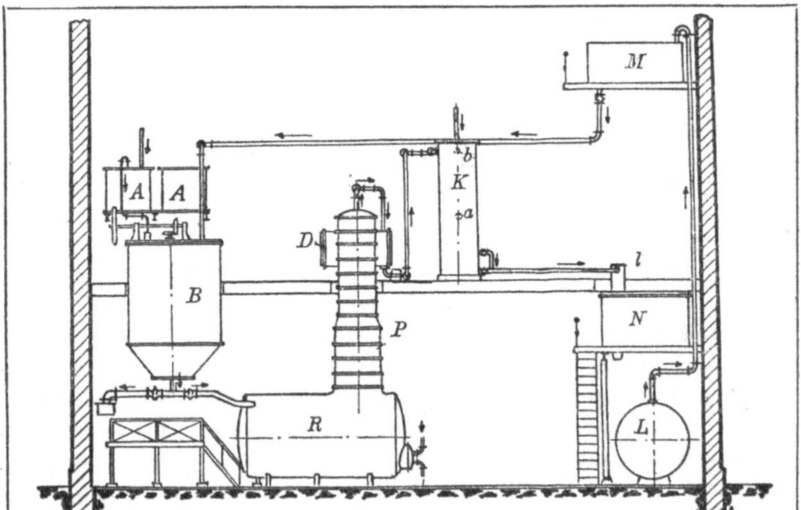


Abb. 6.

1) Vgl. meinen Aufsatz in „Petroleum“ 1921, H. 13.

bezieht sich auf eine Benzolgewinnungsanlage in Jenakiewo, die von Evence Coppée erbaut wurde und Ende 1913 in Betrieb gekommen ist.

Die Benzolwäscher sind in den Abbildungen nicht angegeben. Sie stellen die gewöhnlichen Konstruktionen mit Holzgitter dar. Bei einem Durchmesser von 3 m entspricht die Höhe eines jeden Meters Holzhorden etwa 0,343 qm Waschfläche. Pro 1 cbm Gas stündlich werden 1,6 qm Waschfläche und 1,1 l Waschöl be-

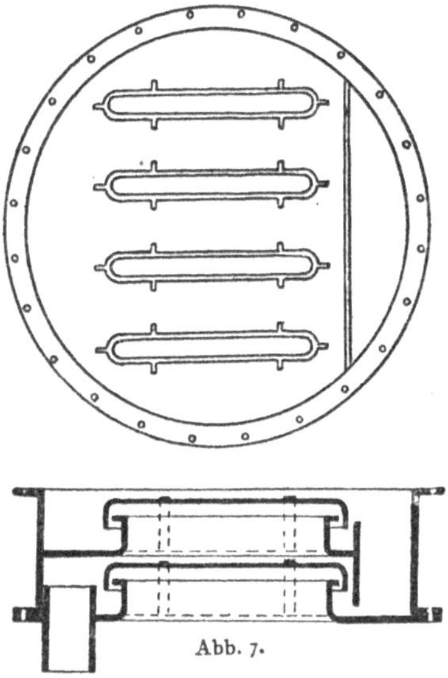
Abb. 7.

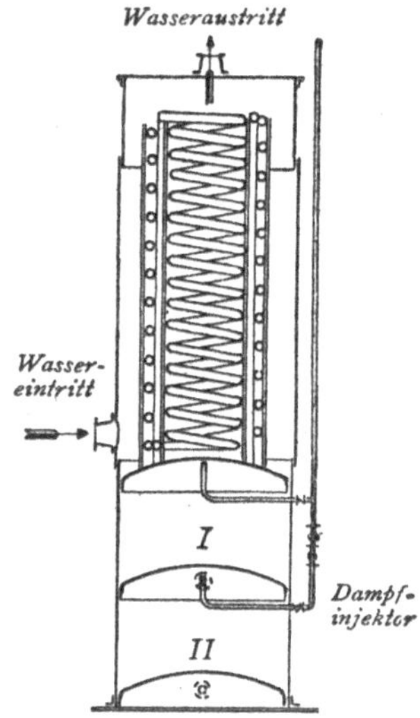

Abb. 8.

nötigt. Das angereicherte Öl wird in ein Reservoir gepumpt, welches auf den Abbildungen ebenfalls nicht gezeigt ist. Aus dem Reservoir, welches auf den Dachbalken angebracht ist, gelangt dieses Waschöl (vgl. Abb. 5) in die Wärmeaustauscher A (eine Art Rohrkühler). Die Eintrittsstelle des angereicherten Waschöls befindet sich bei 1, die Austrittsstelle bei 2. Das entbenzolte (abgetriebene) Waschöl tritt aus der Destillationskolonne K bei 3 aus und bewegt sich in den Röhren des Wärmeaustauschers im Gegenstrom zu dem Angereicherten; die Eintrittsstelle des abgetriebenen Waschöls befindet sich bei 4 und die Austrittsstelle bei 5. Durch den Wärmeaustausch erwärmt sich das angereicherte Waschöl bis 65—70° C und tritt in die zwei Vorwärmer (von derselben Konstruktion wie A) ein, wo es mittels

Dampf auf 110—120° C erwärmt wird. Von hier gelangt es in die Destillationskolonne (Abtreiber) $K_1$, die sowohl mit direktem als auch mit indirektem Dampf arbeitet. Hier wird aus dem Waschöl Benzol abgetrieben, wonach das abgetriebene (entbenzolte) Öl bei 3 austritt und in den Apparat A eintritt. Aus dem Abtreiber $K_1$ gelangen die Benzoldämpfe in den Deptlegmator $K_2$, dann nach der erfolgten Kondensation und Trennung von abgeschiedenem Wasser (in einem Wasserabscheider F) als Rohbenzol im Sammelreversoir G aufgenommen.

In dem Kondensator D, das aus einer Batterie von etwa 20 in Wasser getauchten Platten besteht, wird die Temperatur des Wassers auf etwa 80° C gehalten. Die Dämpfe, die beim Austritt aus dem Deptlegmator $K_2$ eine Temperatur von 90—95° C aufweisen, werden in den Kondensatoren D auf 80° C abgekühlt, wobei ein Teil der Dämpfe kondensiert. Das Kondensat, welches hauptsächlich aus Naphtalin mit etwas mitgerissenem Waschöl, Benzol und Wasser besteht, wird zurück in $K_2$ geleitet, während die nicht kondensierten Dämpfe weiter in den Kühler E geführt werden. In dem Deptlegmator $K_2$ wird die Temperatur auf etwa 95—97° C gehalten. Die hierher aus dem Abtreiber $K_1$ gelangenden Dämpfe treten dem aus dem Kondensator D kommenden Kondensat entgegen, entziehen demselben das Benzol, geben einen Teil ihres Naphtalins und Waschöls ab und treten in den Kondensator D ein. Aus dem Kondensator D läßt man das Gemisch in Kristallisatoren (Pfannen) fließen, wo das Naphtalin vom Öl abgeschieden wird; letzteres wird dem Waschöl wiederum zugesetzt. In der Abb. 5 sind noch fünf Kühlreservoire B angegeben, die zum Kühlen des abgetriebenen Waschöls und Vorwärmen von Wasser dienen. Zur Zeit werden aber diese Einrichtungen nicht mehr benutzt. Das aus dem Wärmeaustauscher A bei 5 mit einer Temperatur von 65—70° C austretende abgetriebene Waschöl wird außerhalb des Geländes in einem mit Wasser berieselten Röhrensystem abgekühlt.

In den Diagrammen Abb. 9—10 ist die Beschaffenheit einiger (Schterbinowka, Makejewka, Werowka, Kadiewka) Rohbenzole dargestellt, die im Donezgebiet erhalten wurden.

In der Abb. 6 ist die Anlage zum Reinigen der Benzolkohlenwasserstoffe schematisch dargestellt. Hier werden aber nicht Reinprodukte, sondern gereinigte Halbprodukte, wie gereinigtes 90- und 50%iges Rohbenzol, gereinigtes Rohtoluol und Xylol und Solventnaphta hergestellt. Die Arbeitsweise ist hier die folgende.

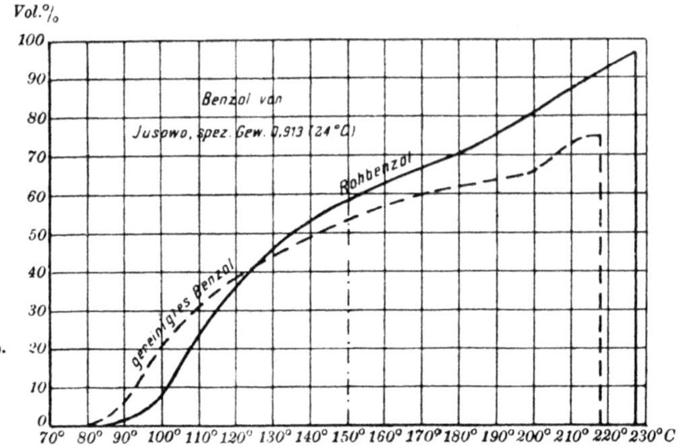


Abb. 9.

Das Rohbenzol wird mittelst Preßluft aus den Behältern nach M gebracht, von wo aus es in das Mischwerk B gelangt. Das Rohbenzol wird zunächst mit einer Ätznatronlösung vom spez. Gew. 1,12 behandelt, wodurch das Phenol extrahiert wird (der NaOH-Verbrauch = 0,5%). Dann wird es mit $H_2SO_4$ von 66° Bé bearbeitet; der $H_2SO_4$-Verbrauch beträgt je nach der Beschaffenheit des Rohbenzols 7—22%.

Nach einigen Wasserwaschungen und Neutralisation mit Lauge ist die Reinigung beendet. Der Reinigungsprozeß dauert 8–10 Stunden.

Das gereinigte Produkt wird in die Destillationsblase R ge-

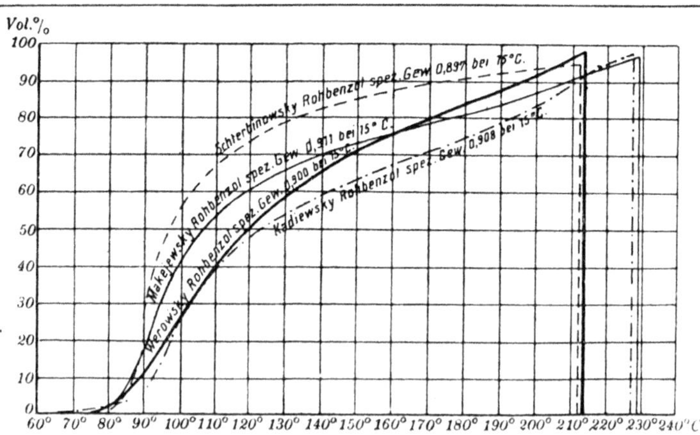


Abb. 10.

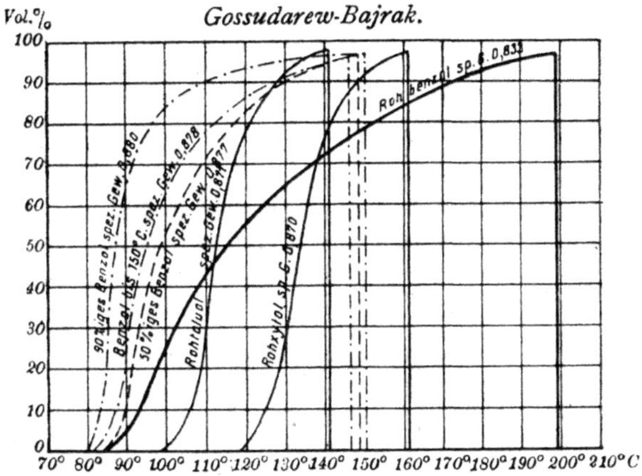


Abb. 11.

bracht. Die Blase ist mit einer Rektifizierkolonne P versehen; in der Abb. 7 ist ein Kolonnenring gesondert dargestellt. (Die Kolonnen $K_1$ und $K_2$ in der Abb. 5 sind von derselben Konstruktion.) Der Blaseninhalt faßt das Doppelte vom Mischwerksinhalt. Die Reservoire A dienen zum Abmessen von Säure; die Laugekessel befinden sich außerhalb des Gebäudes. Die Destillationsblase R wird sowohl mit indirektem als auch mit direktem Dampf beheizt; letzterer wird nur bei der Solvent-Naphta-Fraktion in Anspruch genommen. Der Arbeitsprozeß in der Blase dauert 48—72 Stunden.

Die Benzoldämpfe, welche sich im Dephlegmator D nicht kondensiert hatten, werden in den Schlangen des Kühlers K (Abb. 8)

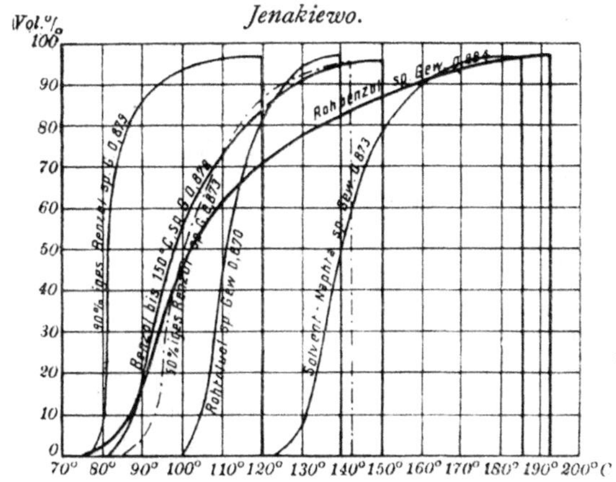


Abb. 12.

kondensiert, in den Behältern 1—2 dieses Kühlers gesammelt, in einem Separator vom Wasser abgeschieden und in dem Sammelbehälter N aufgefangen. Der Blasenrückstand kommt aus R in Naphtalinabscheidungspfannen. Der Kühler K ist auch für Vakuum eingerichtet.

In den Diagrammen Abb. 11 und 12 sind die Eigenschaften der nach dieser Arbeitsweise im Donezgebiet erhaltenen Benzole (und Homologen) zusammengetragen.

Man erhält aus 100 Volumteilen Rohbenzol durchschnittlich:

| | |
|---|---|
| 35,45 % | 90prozentiges Benzol |
| 22,84 % | 50prozentiges Benzol |
| 20'59 % | Salventnaphta- und Toluolfraktion |
| 21,12 % | Reinigungsverluste und Blasenrückstand. |

## 9. Der derzeitige Stand der russischen Kokerei-Industrie.

Anfang 1920 wurde das Donezbecken wiederum von den Sowjettruppen erobert.

Mitte 1920 sah das Bild in der Kokereiindustrie etwa folgendermaßen aus: Die sämtlichen Kokereien waren außer Betrieb; ebenfalls standen die Benzol- und Phenolfabriken still. Die Vorräte auf den Kokereien betrugen ungefähr:

Pech 200000 Pud (wurde z. Z. auf den Sodawerken infolge des Masutmangels als Brennstoff verwendet.)
Teer 130000 Pud
Phenol 400 Pud
$(NN_4)_2SO_4$ 350000 Pud
Benzol 3700 Pud (unverarbeiteter Rückstand auf den Phenol-Werken.)
$NN_3$-Wasser 38000 Pud
Anthrazenöl 7000 Pud
Andere Teeröle 14000 Pud
Rohnaphtalin 16000 Pud

Nach dem von der Benzolverwertung aufgestellten Produktionsprogramm sollte in dem Zeitraum vom 1. Juni bis zum 1. September bei der teilweisen Inbetriebsnahme von drei Kokereianlagen hergestellt werden:

| | | | | | |
|---|---|---|---|---|---|
| Steinkohlenteer | 50000 | Pud | Ruß | 240 | Pud |
| $NM_3$-Wasser | 18500 | „ | Druckschwärze | 300 | „ |
| Rohbenzol | 7500 | „ | Wagenschmiere | 7200 | „ |
| Rohnaphtalin | 2000 | „ | Lisolöl | 1500 | „ |
| Krist. Naphtalin | 5600 | „ | Desinfektionspulver (Phenol) | 1500 | „ |
| Sublim. Naphtalin | 750 | „ | Anthrazenöl | 2400 | „ |
| Leichtöle | 2700 | „ | | | |
| Pech | 13500 | „ | | | |

Für die Verwirklichung dieses Programms wurde benötigt: 35 Millionen Pud Kokskohle in 3 Monaten (knapp gerechnet), 60 Eisenbahnwaggons monatlich, 444 Arbeiter (363 waren jedoch auf diesen Anlagen vorhanden) und 8 Millionen Rubel für Löhne, Gehälter und kleinere Ausgaben (Kohle, Pech und technische Materialien brauchen nicht bezahlt zu werden).

Das Programm wurde aber nicht ausgeführt, was eigentlich auch zu erwarten war.

Nur teilweise konnten diejenigen Produkte hergestellt werden, für die Ausgangsmaterial wie Teer, Rohnaphtalin, Kreosotöl vorhanden war. Das übrige blieb infolge des Ausbleibens der Kohle nur auf dem Papier stehen. Die Aussichten auf Kohlenbeschaffung waren aber tatsächlich schwach. 1916 erreichte die Kohlenförderung im Donezgebiet beinahe 150 Millionen Pud pro Monat. Der Selbstverbrauch der Zechen betrug etwa 10 Millionen Pud, so daß zur Verfügung 140 Millionen Pud standen. In den Sommermonaten 1920 betrug die Kohlenförderung des Donezgebietes nach den Angaben der Verwaltung der Donezsteinkohlenindustrie („Z. P. K. P.“) 24 Millionen Pud pro Monat, der Selbstverbrauch der Zechen blieb beinahe derselbe wie 1916. Es ist auch zu berücksichtigen, daß die Angaben betr. Förderung jetzt etwa gefärbt sind, und daß der Aschegehalt der Kohle ganz erheblich gestiegen ist. Bei einer solchen Sachlage geschweige denn anderer Ursachen ist es eben kein Wunder, daß das Benzolprogramm nicht verwirklicht werden konnte.

Und dann zuletzt noch ein paar Worte über die Organisation der Benzol-Industrie[1]):

## 10. Verwaltung der trustierten Benzol-Industrie.

Vor dem Kriege waren die Kohlenbergwerksbesitzer in einer Art Kohlensyndikat unter dem Namen „Ssowiet Sjesdow Gornopromyschlennikow Juga Rossii“ (Rat der Versammlungen der Bergindustriellen Südrußlands) vereinigt. Die Kokereiindustrie

1) Ich behalte mir vor, in meinem demnächst in der Chemiker-Zeitung (Köthen-Anhalt) erscheinenden Aufsatze über die „Südrussische Chemische Großindustrie während und nach dem Kriege“ etwas ausführlicher über die Organisation der Verwaltung der chemischen und der damit verbundenen Industrien zu berichten.

interessierte diesen Verband hauptsächlich des Kokes, Teeres und Pechs wegen. Den Nebenproduktenmarkt beherrschte eigentlich Coppée, der ähnlich wie andere Ofenbaufirmen (Koppers, A.-G. für Kohlendestillation) verschiedene Anlagen gegen Erlös aus Nebenprodukten auf eigene Kosten baute. Mit dem Kriegsbeginn hat die Regierung angefangen, durch Zu- resp. Vorschüsse auf spätere Warenlieferungen für das Kokereiwesen vorzusorgen; der Nebenproduktengewinnung haben sich das „Kriegsindustrielle Komitée" sowie die Hauptartillerieverwaltung angenommen. Letztere errichtete auch eigene Fabriken in Kadiewka und Jusowo. Sowohl während des Krieges als auch später, im darauffolgenden Bürgerkriege, als das Donezbecken von den Denikinschen Truppen (weiße, Dobrowolzi — Anhänger der alten Ordnung) besetzt war, war von der Verstaatlichung dieses Industriezweiges keine Rede. Nach der Besetzung dieses Gebietes Ende 1919 durch die Rotarmisten (Truppen der Sowjetregierung) wurden verschiedene Kohlengruben, Hütten, große Werke der chemischen Industrie usw. zum Staatseigentum („nationalisiert", wie man in Rußland sagt) erklärt. Entsprechend dem Vordringen der roten Truppen in das industrielle Gebiet des Donez wurden die Benzolfabriken zunächst von der chemischen Abteilung des Charkower Gouvernementsvolkswirtschaftsrates, dann von dem später aus Moskau gekommenen „Promburo" — Büro zur Wiederherstellung der Industrie (Promyschlenost) Südrußlands, dem zwei Bevollmächtigte speziell für die chemische Industrie angehörten, übernommen. Dieser Apparat war aber seinen Aufgaben hinsichtlich der chemischen Industrie nicht gewachsen, und so fuhr im April 1920 ins Donezgebiet eine Sachverständigen-Kommission, die in Lugansk (die bedeutendste Stadt des Kohlenreviers) die Verwaltung der chemischen Industrie organisierte. Für die Benzolindustrie wurde ein besonderer Ausschuß aus je einem Ingenieur, Chemiker und Arbeiter eingesetzt, der dem „Donezchimotdjel" (Verwaltung der chemischen Industrie des Donezbeckens) in bezug auf Finanzierung der Werke, Aufstellung der Produktionsprogramme, Belieferung der Fabriken mit technischen Materialien, Rohstoffen, Arbeitern, Beamten usw. unterstellt war. Der „Donezchimotdjel" war in seiner Arbeit einerseits von den Gewerkschaften, Staatsbank, „Trudarmija" (Verwaltung der militarisierten Arbeiterbataillone), Z. P. K. P. (Zentralverwaltung der Steinkohlenindustrie usw., meistens nicht in Lugansk) abhängig und andererseits von der Wirtschaftspolitik des Donezvolkswirtschftsrates, der seine Direktive vom „Promburo" in

Charkow erhielt. Es soll nicht geleugnet werden, daß der Benzolausschuß doch einige Arbeit geleistet hat, die nur infolge der allgemeinen verzweifelten Wirtschaftlage das gewünschte oder mögliche Maß nicht erreichte.

Im Juni 1920 hat man sich endlich besonnen, die chemische Großindustrie, ebenso wie es vor langem auch mit den anderen Industrien (Hütten, Kohlen, Bergwerke usw.) der Fall war, von Charkow aus zu verwalten.

Der Benzolausschuß kam ebenfalls nach Charkow. Zu der gleichen Zeit wurde aber von dem zentralisierenden Moskauer Oberen Volkswirtschaftsrat, ohne (soweit es mir bekannt ist) die Charkower Verwaltung gefragt zu haben, ein „Glawbenzol" (Hauptverwaltung der russischen Benzolindustrie) gegründet. Das Kind hatte eine schwere Geburt; es mußte ein Kampf zwischen verschiedenen Staatstrusts, wie „Chimosnow" (Hauptverwaltung der „grundlegenden" chemischen Industrie), „Glawanil" (Hauptverwaltung der Farbstoffindustrie) usw. ausgefochten werden. Alle diese Fachgruppen möchten gerne die Benzolfabriken in ihre Hände kriegen. Dem „Glawbenzol" wurden die kaukasischen Benzolfabriken sowie auch das Kusnetzker Revier (Sibirien) zugeteilt. Der Sitz sollte aber im Gegenteil zu den anderen Staatstrust, die sich alle in Moskau befinden, nach Charkow verlegt werden.

Für den Kohlenbergbau gibt es in Charkow eine besondere, obengenannte Verwaltung, Z. P. K. P. Für die Brennstoffverteilung wiederum eine Institution unter dem Namen „Jugotop", die noch aus der Kriegszeit stammt und darum am besten organisiert ist, trotzdem die Sowjetmachthaber auch von hier durch eine „Reinigung" die „Burschujen" (der bürgerlichen Gesinnung Verdächtigen resp. solche, die früher den besitzenden Schichten angehörten) hinauszuwerfen versuchen. Für die Hochofenwerke und Hütten gibt es eine zentrale Verwaltung der Schwerindustrie (Zentralnoje Prawlenije Tjascheloi Industrii" kurz „Zepti" genannt) usw.

Nun muß man sich vergegenwärtigen, daß viele Hütten in Rußland früher eigene Kokereien, Schächte, Wälder usw. hatten. Infolge der natürlichen Entwicklung des Sowjetschen Verwaltungsapparates hat aber jetzt ein Hüttendirektor de facto mehrere Vorgesetzte bekommen.

Für die Kohlengewinnung aus Werkskohlengrube Z. P. K. P., für den Verbrauch der eigenen Kohle resp. Ablieferung der Überschüsse (äußerst selten) oder Versorgung des Werkes mit Brenn-, Leucht- und Schmiermaterial „Jugotop“, für den Hüttenbetrieb „Zepti“, für den Wald „Semotdjel“ (Verwaltung für Ländereien), für das Pferdefutter „Prodkom“ usw. Bedenkt man, daß noch allerlei „Bevollmächtigte“, dann „Außerordentliche Bevollmächtigte“, Miliz, Militär usw. hinzukommen, so wird es klar, daß ein Fabrikdirektor dabei leicht den Kopf verliert. Aus diesem Grunde versuchen einige Fabriken hier und da die für sie notwendigen Betriebe für sich in eigene Verwaltung zu bekommen, stoßen jedoch auf Widerstand der einzelnen Staatstrust, die nicht gern was von ihrem Besitz abgeben, damit das „einheitliche System nicht gestört wird“. Auf dieselbe Weise entstand auch ein Kampf zwischen „Zepti“, „Z. P. K. P.“ und „Glawbenzol“, weil letzterer die Koksöfen nicht haben wollte und „Zepti“ auf dem Territorium seiner Fabriken keine andere Obrigkeit anerkennen wollte.

Im „Promburo“, das als eine Filiale des Moskauer Obersten Volkswirtschaftsrates zu betrachten ist, sind die Meinungen darüber geteilt. Bis Ende Oktober war der Kampf noch nicht ausgefochten.

Zur Klärung der Verhältnisse sei noch folgendes erwähnt. Es hat sich bei der vom Staate durchgeführten Bestandaufnahme erwiesen, daß die Nebenproduktenkokereien noch immer über die größten Bestände an Materialien, Mobilien, Kleinzeug usw. verfügen. Wenn auch der Verbrauch von Materialien im Staate nur auf Grund der Erlaubnis der zuständigen Behörde zulässig ist, so verfügen doch die Trusts über den Besitz der von ihnen verwalteten Fabriken innerhalb ihres Betätigungsfeldes ziemlich frei. Berücksichtigt man aber, daß techniche Materialien im Lande nur schwer zu beschaffen sind, so wird es einleuchten, daß die Bestrebung nach Besitzergreifung der Materialienlager der Benzolwerke und Ammoniakfabriken doch der Hauptgrund dieser Vorliebe der einzelnen Verwaltungszweige für die Benzolindustrie gewesen sein konnte. Vom Standpunkte der Interessen der russischen Nebenproduktenkokerei wären demnach die Bestrebungen des „Zepti“ zu verurteilen. Allerdings gibt es auch hier einige Korrektive, auf die ich an dieser Stelle nicht gerne eingehen möchte.

Jedenfalls gehört die Kokerei zu jenen seltenen Industriezweigen Rußlands, die unter der Voraussetzung der Kokskohlenbelieferung am leichtesten und am schnellsten können in Betrieb genommen werden.

Diese Monographie bildet ein Glied in einer Serie meiner Veröffentlichungen über Rußlands Industrie und Wirtschaft[1]), und hoffe ich mit diesen Ausführungen zur Kenntnis dieses für Rußland so wichtigen Industriezweiges beigetragen zu haben, um so mehr, als dieses Gebiet durch meine Arbeit zum ersten Male behandelt wird.

Zur Erleichterung der Umrechnung der russischen Maße und Gewichte in das metrische System füge ich eine Umrechnungstabelle hinzu.

Tabelle XX.

Umrechnungstabelle der russischen Maße und Gewichte.

1 Pud (= 40 russ. Pfund) = 16,3805 kg = $^1/_{61105}$ Tonne.
1 Werst (= 500 Saschen oder Klafter) = 1,06679 km.
1 Saschen (= 7 Fuß = 3 Arschin = 84 Zoll) = 2,1336 m.
1 Dessätine (= 2400 Quadratsaschen) = 1,09252 ha.

1) Litinsky, L. Die Wirtschaftslage Rußlands und die Aussichten Deutschlands. Vortrag gehalten am 21. März 1921 in der Sitzung der Vereinigung von Handelskammern des niederrhein.-westf. Industriebezirks zu Essen. Wirtschaftliche Nachrichten aus dem Ruhrbezirk. Jahrg. II, Heft 26 vom 11. Juni 1921. — Derselbe: Die süd-russische chemische Großindustrie, ihre Entwicklung, Organisation und Aussichten. Chemiker-Zeitung 1921. (Im Druck.) — Derselbe: Zur Kalifrage in Rußland. Der Osten (Danzig) 1921. Heft 27, S. 550. — Derselbe: Die Anfänge der russischen Ölschieferverwertung. Petroleum. 1921. Heft 11—12, S. 367. — Derselbe: Die Balchaschsapropelite. Petroleum. 1921. Heft 13, S. 437. — Derselbe: Zum Brennstoffproblem in der russischen Glasindustrie. Anzeiger für Berg-, Hütten- und Maschinenwesen. Essen 1921. (Im Druck.) — und andere.

## Quellen.

1. Baranok. Die Herstellung des Rohbenzols im Donezgebiet. Lithographische Ausgabe in sehr wenigen Exemplaren. Im Buchhandel nicht erhältlich. Darin umfangreiche Literaturangabe, speziell über die russischen Verhältnisse. Charkow 1918. (Russ.)
2. Bulgakoff. Die Herstellung und Reinigung des Rohbenzols. Sonderabdruck aus einer russischen Zeitschrift. (Russ.)
3. Bericht und Protokolle des Vorbereitungsausschusses der chemischen Industrie Südrußlands. Charkow 1919. Nicht im Buchhandel. (Russ.)
4. Ssitnikoff und Orloff. 2 Vorträge, herausgegeben vom Südbüro des chemischen Komitees der Hauptartillerieverwaltung. Charkow 1918. Nicht im Buchhandel. (Russ.)
5. Gornosawodskoje Djelo (Bergbau und Hütte) 1916 und 1917. Charkow. (Russ.)
6. Mitteilungen des Vorbereitungsausschusses der chemischen Industrie Südrußlands. Lithographische, im Buchhandel nicht erhältliche Ausgabe. N. N. 1—6. Charkow 1918—1919. [Russ.]
7. Schein. Vortrag, gehalten in der zweiten Delegiertenversammlung des allrussischen Ingenieurverbandes. [Russ.] Im Druck nicht erschienen.
8. Narodnoje Chosjajstwo Ukrainy (Volkswirtschaft der Ukraine). Charkow 1918.
9. Materiale des Sowjet S'jesdow, Raubenzols, Jugotops, der I. allrussischen Konferenz der Ingenieure der chemischen Industrie, sowie anderer amtlicher Quellen. Im Drucke nicht erschienen.
10. Eigene Erfahrungen, gesammelt während meines Aufenthaltes im Donezbecken.

# VORTRÄGE UND AUFSÄTZE
## DES OSTEUROPA-INSTITUTS, BRESLAU

### I. ABTEILUNG: RECHT UND WIRTSCHAFT

Heft 1: **Russisches und Orientalisches Eherecht.** Von Geh. Hofrat Prof. Dr. Fr. K. Neubecker. Kart. . . . . . . . . . . . . . M. 2.20

Behandelt vor allem die Gestaltung des Eherechts auf russischem Boden, dessen Entwickelung nur aus dem römisch-byzantinischen Recht und aus Gebräuchen der morgenländischen Kirche zu verstehen ist. Zum Schluß werden noch die besonders interessanten Eherechtsregelungen der Sowjetrepublik betrachtet.

Heft 2: **Finnlands Eherechtsreform.** Der finnländische Entwurf eines Gesetzes über die Rechtsverhältnisse der Ehegatten unter Bezugnahme auf die skand. Entwürfe. Von Geh. Hofrat Prof. Dr. Fr. K. Neubecker.

Neubecker behandelt die Gestaltung des finnländischen Eherechts und dessen Reform auf seiner geschichtlichen Basis und mit Vergleich zu den Prinzipien, die den Eherechtsentwürfen der skandinavischen Staaten zugrunde liegen, so daß ehegesetzgebungspolitische Probleme von allgemeiner Bedeutung zur Erörterung gelangen.

Heft 3: **Grundzüge der bulgarischen Wirtschafts- und Handelspolitik.** Von O. Fechner.

Gestützt auf langjährige Erfahrungen, die der Verfasser als wirtschaftspolitischer Mitarbeiter bei bulgarischen Behörden und Banken gesammelt hat, gibt er eine Darstellung der Agrarverfassung, des Standes der Bodenwirtschaft, der Landwirtschaftspolitik bisher und heute in der Absicht, die Handelsbeziehungen zwischen Deutschland und Bulgarien durch eine kritische Behandlung der Grundzüge der bulgarischen Volkswirtschaft zu fördern.

### II. ABTEILUNG: LAND- UND FORSTWIRTSCHAFT

Heft 1: **Die Ostländer als internationale Produktionsgemeinschaft in der Bodenproduktion.** Von Geh.Hofr. Prof.Dr.P.Gisevius. Kart.M.2.50

Die Schrift klärt über den Stand der Bodenproduktion in den benachbarten Ostländern auf und weist auf die Bedeutung hin, welche sich für uns aus der Kenntnis der dortigen Produktionsverhältnisse jetzt insofern ergibt, als hier die durch die deutschen Valutaschwierigkeiten bedingten starken Hemmungen in Verkehrs- und Warenaustausch nicht vorhanden sind und darum die Wiederaufnahme der alten Verkehrsbeziehungen bald und möglichst in größerem Umfang anzustreben ist.

### III. ABTEILUNG: BERGBAU UND HÜTTENKUNDE

Heft 1: **Die Nebenproduktenkokerei in Südrußland.** Von Ing. L. Litinsky.

Auf Grund persönlicher Erfahrungen und unter Benutzung bisher auch in Rußland nicht erhältlicher Quellen behandelt der Verfasser, selbst Kokereifachmann, Entwickelung, Stand, Organisation und Aussichten der russischen Teerkokerei.

### IV. ABTEILUNG: GEOGRAPHIE U. LANDESKUNDE

Heft 1: **Das Klima Thrakiens als Grundlage der Wirtschaft.** Von Prof. Dr. E. Obst. Kart. . . . . . . . . . . . . . . . . . M. 5.—

Eine für die kommende wirtschaftliche Erschließung dieses Gebietes wichtige Darstellung, die auf Grund mehrjährigen Aufenthalts im Orient das Klima der Bosporus-Dardanellenlandschaft, der Schwarzen Meer- und Ägaischen Küstengebiete und Innerthrakiens beschreibt unter steter Berücksichtigung der Verknüpfung von Klima und Wirtschaft, Natur und Mensch.

**Auf sämtliche Preise Teuerungszuschläge des Verlags 120% (Abänderung vorbeh.)**

**Verlag von B. G. Teubner in Leipzig und Berlin**

**Preise freibleibend**

GPSR Compliance

*The European Union's (EU) General Product Safety Regulation (GPSR) is a set of rules that requires consumer products to be safe and our obligations to ensure this.*

*If you have any concerns about our products, you can contact us on ProductSafety@springernature.com*

In case Publisher is established outside the EU, the EU authorized representative is:

Springer Nature Customer Service Center GmbH
Europaplatz 3
69115 Heidelberg, Germany

**Batch number: 10577896**

Printed by Printforce, the Netherlands